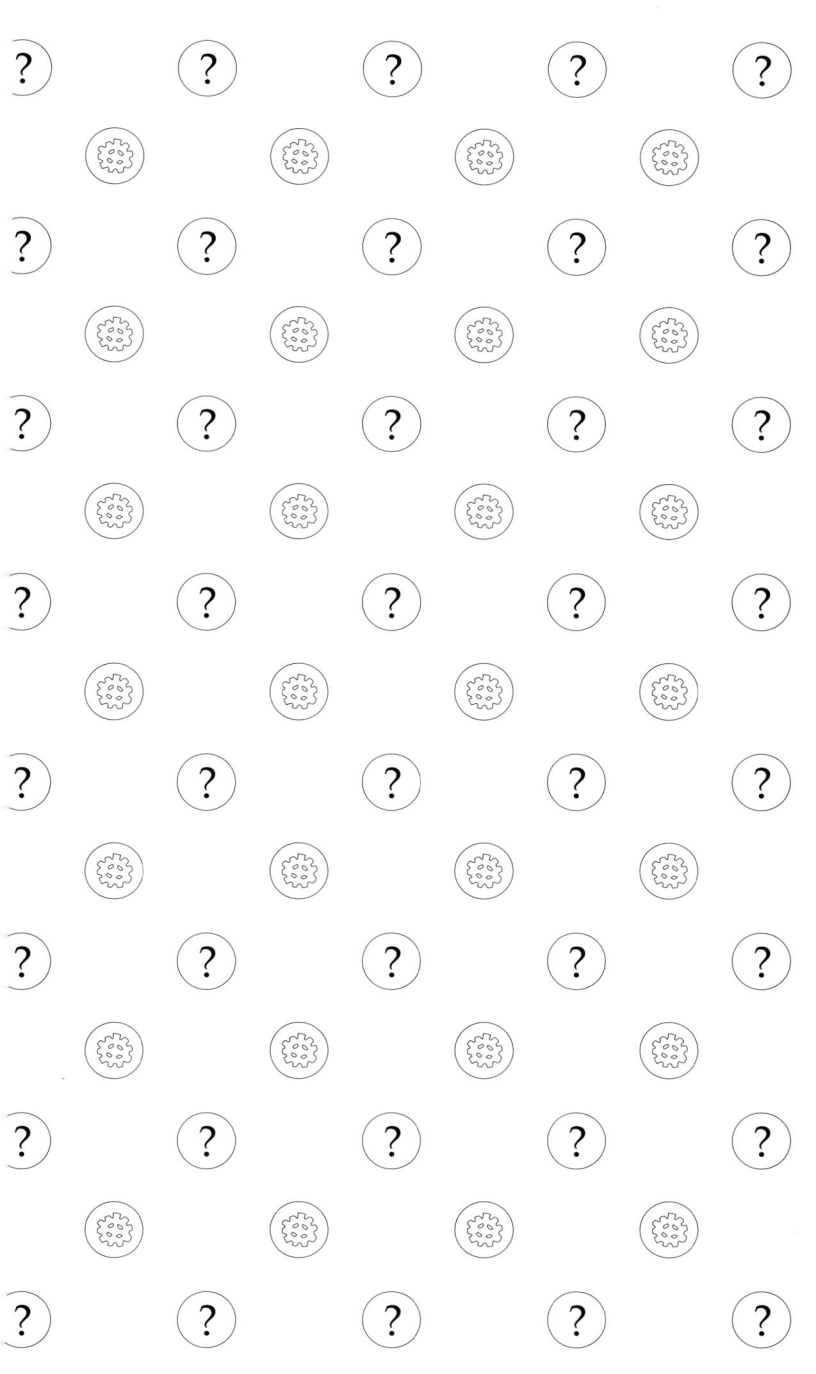

Les mathématiques expliquée à mes filles
copyright © 2008 by Éditions du Seuil
Japanese translation rights arranged
with Éditions du Seuil
through Japan UNI Agency, Inc., Tokyo.

娘と話す
数学ってなに？

ドゥニ・ゲジ 著
藤田真利子 訳

現代企画室

目次

1 何の話をしているのか？ ------------------ 7

2 数 -------------------------------------- 24

3 幾何 ------------------------------------ 53

4 代数 ------------------------------------ 78

5 点と線 ---------------------------------- 90

6 問題 ------------------------------------ 100

7 論証 ------------------------------------ 107

解説　池上高志 ---------------------------- 137

娘と話す　数学ってなに？

1　何の話をしているのか？

——「説明する」ってどういうこと？

　　とローラが尋ねる．

「いきなりそこからきたか．ラテン語には plicare という言葉があって，これは「たたむ」という意味，explicare はその反対で「開く」という意味がある．expliquer（説明する）という言葉はそこからきたんだ．でも，plicare には，複雑でよくわからないという意味もある．複雑なものを前にするとどうしていいのかわからなくて困ってしまうだろう？　どうなっているのか説明がほしいと思う．その説明というのは，たたまれて，からまりあって見えなくなっているものを開いて，もっとはっきりさせることなんだ．同じラテン語から出てきたものでは plexus（叢：神経，血管などの網状になった部分）という言葉もあってね，胸の真ん中にあるもので，ストレスを感じたときに胸が詰まったような感じがする部分があるだろう？　そこのことだ．expliquer（説明する）というのは，その詰まった部分を解きほぐしてやることだ．説明

されると，何もかもがもっとはっきりする．だから「解明する」とも言うんだね．風が吹いて雲を吹き飛ばし，すべてがはっきり見えるようになるのと同じなんだ．」

　　　レイは風が吹いて雲を吹き飛ばしてくれるのを待っている．

「ローラ，きみにとって，数学ってどんなもの？」

　　　ローラの返事はすばやかった．

——「問題」だらけで，「知らないこと」がいっぱいで，厄介な「規則」がいっぱいある学科．問題を出すのは先生で，答えなくちゃならないのはこっちのほうなの．

　　　レイは大声で笑った．
　　　ローラは友達と同じで，「数学はぜんぜんだめ」である．まあ，当人はおおいばりでそう言っている．しかしこの高らかな宣言には，ある種のおもねりの気配が感じ取れるのだ．数学がぜんぜんできないことは，一部の生徒の中では通りのよいことなのだろう．ローラは本当に数学ができないことを自慢に思っているのだろうか，それともこれは，なくすことができないと思っているハンディキャップを訴えるロー

ラなりの方法なのだろうか．
　レイとローラは，まず最初に，それぞれが数学の好きなところと嫌いなところを言うことにした．
　ローラが最初に始めたが，非常に強い調子で始まった．

——はっきり言って，好きなところを探すのはすごく難しいの……だからって困るわけじゃないけどね．続けて嫌いなところを言っちゃっていい？
「続けて．」

　　堰を切ったように言葉があふれた．

——まずね，数学って何のことを言っているのかわからないの．それからね，どうやって問題に取り組んだらいいかわからないし，あの，「証明」っていうのが何なのかぜんぜん理解できない．このくらいにしとく？　もっと続けようか？
「続けて．」
——それが何の役に立つのかわからない，つまり，普通の生活で，ってことよ．

　　そして最後に，いちばん気にかかっているらしいことを話した．

——数学って暴力的だわ！

レイはびっくりしてローラを見た．数学が暴力的だって！　こんなことを言うのはローラくらいだろう．レイは気を取り直して微笑を浮かべ，尋ねた．

「数学が暴力的だと感じるということは，数学に無関心ではいられないということだよね？」

　　　ローラは動揺したようだが，ようやく答えた．

——囚人は監獄に無関心でいられると思う？
「数学は監獄かい！！」
——単なるたとえよ．対抗上ね．それに，無関心でいられないからって何も証明したことにはならないってことを示すためよ．小さいときから週に何時間もやらされているんだもの，無関心でいられるわけじゃない．
「数学のどこが暴力的なのか教えて欲しいんだけどね．」
——数学って乱暴だと思う．なんでもばっさり．どうでもいいことで間違うと，それで終わり，間違い，それも完全な間違いで……ちょっとした間違いじゃないのよ．

　　　レイは大笑いした．

　　　ローラは勢いづいて続ける．

——それから，これはこう決まってるのって言われてるような感じでしょ，そういうとこがいやなのよ．自分が何もできないって感じるの．そう言われちゃうと何も言えないし，黙らせられるのは嫌いよ．数学って……問答無用なのよ．
「何か言い返したいことがあるのかい？」
——なんにもないけど．

> ローラはレイの唇に浮かんだ笑みに気がついた．

——もう！ 笑わないでよ．言い返したいことが何にもないのは，それほど興味を持っていないからなの．何か言いたいことがあるのは興味があることに対してだけよ．
「〈こう決まってるの〉というのは数学だけだと思う？ セーヌ川はパリを通り抜けているんで，ストラスブールを通っているんじゃない．そう決まっている．バスティーユ監獄は1789年の7月14日に奪取されたんで13日じゃない．そう決まってるんだ．」
——うん．だけど，そうだったかもしれないじゃない．
「そうだったかも，って？」
——13日に奪取された可能性だってあった．

レイはローラの返事にびっくりして，この話し合い（対決？）がたやすくはいかないことがわかった．

「わかった．じゃあ，歴史の先生はどんなふうに教えているのかな．バスティーユがどうして7月14日に奪取されたのか説明するよね．理由を教え，事実を示して，どうしてその日に起きたのかを説明する．地理で，セーヌ川の話をするときもそうだ．確かに物事は別のようになっていた可能性はあるかもしれないが，実際には今あるとおりのもので，それには理由がある．たいていの場合，説明するというのはそれさ，理由を教えることなんだ．」

——数学だと，それ以外の可能性なんてまったくなさそうに思えるの．とにかくそうなっているんだ，って，そこなのよ，暴力的だっていうのは．二等辺三角形には等しい角がかならずふたつなきゃならない．劇場に着く前にお芝居が終わっちゃったようなものだわ．そして，わたしは何をしに来たのかしらって考えるのよ．

「でも，セーヌの流れだって，そんなものだろう？着く前に〈芝居が終わって〉る．」

——それはそうね．でも，それは感じが違うの．

「なんでだと思う？」

——それはね，数学では，何の話をしているのか理解できないからなんだと思うわ．歴史とか，地理，フランス語，化学，物理なんかではわかる．全部はわからないとしても，なんとか見当がつく．数学って，なんか秘密の言葉みたいなの．
「ああ！ 秘密の言葉だというなら，何か意味があるわけだよね？ ぜんぜん意味がないっていうんじゃなくて．」
——うーん……同じことだと思うわ．どっちみち，何の話をしているのかわからないんだもの．
「いや，同じことではないよ．というのは，もしそれが秘密であれなんであれ，言葉だというなら，何かを語っているわけだからね．だから，それを解読しようとすることはできる．すくなくとも，数学が何も語ってないはずはないということについては同意できるね？」
——どうしても，数学が何かを言ってるって認めなきゃならないってわけね？ だけど，何を言ってるの？
「そうだな，こう考えて欲しい．数学の授業を受けるのは，語学の授業を受けることだ，と．中国語の授業とまったく同じだというわけじゃないが，それは確かに語学の授業なんだ．」
——フランス語とか中国語では，人間がいて，書かれた文章があって，考えや，感情や，情報，それから愛

の言葉なんかも表現して伝えようとしているわ．

　　ローラはとつぜん思いついて言った．

——数学で〈愛してる〉って言える？

　　レイは不意をつかれてためらったが，数学で〈愛している〉と言うことはできないと認めざるをえなかった．

「すべてを言い表すことができるとは言っていない．でも，たくさんの考えを表すことができる．間にある，他のものの一部である，いちばん大きい，いちばん小さい，近い，生成する，包含する，接触する……」

　　レイは落ち着きを取り戻して言った．

「数学は言語だ．もちろん，それだけではないがね．この言語を使って，考えを表現し，明確に表明し，定理を論証し，問いを投げかけ，肯定し，反論し，記述することができる．そしてこの言葉は秘密ではない．これを規定している書き方の規則は公表されていて，誰でも学ぶことができる．できる，だけじゃなくて，すばらしいのは，すべての生徒がこれを学ばなくてはならないというところだ．数学は学校の勉強の重要な一部分なんだよ．」

——その言葉を習うにはどの国に行けばいいの？ 地図で教えてよ，語学留学申し込むから．

「皮肉屋だね．この言葉は，数学の授業で教わるのさ．」

——フランス語訳とかしなくちゃならないのかも……

「そうとも．数学の言葉を普通の言葉に翻訳するのはいい勉強になる．数学で出会う言葉や記号を取り出してみよう．」

　　レイは紙に短い数式を書いてローラに差し出した．

「ここに 3 つの式がある．式を数学の表現（フランス語では式というとき，〈表現〉という単語を使う）と言うのは，書いたものが何かを表しているからだ．何かの考えとか，何かの事実を表しているんだ．さて，ここに 3 つの式があって，互いに似通っているんだが，その性質はまったく異なっている．

　〈$2+=$〉，〈$2=1+3$〉，〈$2=1+1$〉

　〈$2+=$〉，これには意味がない．これは間違っていない．間違いとさえ言えないと言った方がいいかもしれない．間違いであるためには，何らかの意味がなきゃいけないからね．でも，この式には意味がないんだ．これは形を成していない，規則に基づいて書かれていないからだ．

〈2 = 1 + 3〉，この式の意味は理解できる．2という数と，1 + 3 という数は等しいということを表そうとしている．それは理解できる．でも，それは間違いだ．

〈2 = 1 + 1〉，この式の意味も理解できる．2という数と，1 + 1 という数は等しいということを表そうとしている．それは理解できるし，正しい．

数学でみんながやる間違いでいちばん多いのは，書いたものに意味がないというものだ．だから，最初に注意しなくてはならないのは，きちんと規則に従って書くことだ．」

　　レイは新しい紙を出して書き，ローラに差し出した．

「〈D + D′ = 2〉，〈2 ∥ 3〉，ほら，こういうのが形を成していない式だ．あ，忘れていた．D と D' は直線だ．

$D + D' = 2$ が形を成していないというのは，〈ふたつの直線の和〉などというものが何を意味するのかわからないからだ．幾何には + という記号はない．

2 ∥ 3 もだめだ．そのわけは，〈平行なふたつの数〉などというものが何を意味するのかわからないからだ．2 ∥ 3 という記号は代数には存在し

ない．今度は，数学で使われる言葉のタイプについて見てみよう．まずは普通の言葉で使われる単語．副詞：〜の中に．接続詞：と．動詞：作図せよ，探せ，決定せよ，条件を満たすことを示せ，など．対象を示す言葉：〜とみなす，仮に〜とする，など．数学特有の単語，いちばん多いのが対象を示す名詞だ：メジアン，垂直二等分線，対角線，関数，円柱，サイン，コサイン，など．それに形容詞もある：等辺の，平行な，対を成す，など．

　数学に特有の記号もあって，演算を簡単に書き表せるようになっている．＋，×，など．関係を示すものとしては＝，∥など．

　次に文章に行ってみよう．数学で目にする文章ってどんなものだろう．命題を述べるもの，対象や状況を説明するもの，要求を並べるもの．数学の世界に新しい対象が出てきたら，その対象の出生証明書を作らなきゃならない．それが〈定義〉の役割で，その対象が数学の世界に公式に存在をはじめたことを示すものだ．定義には，名称と対象の性質を明らかにする情報が書かれていなくてはならない．定義は必ず次のように始まる……」

　　ローラがさえぎった．

——先生の声が変わるの．重々しい声ではじめるの

よ．〈定義．ナントカをコレコレと呼ぶ……〉
「当然だよ．定義というのはいちばん基本となる行為だからね．それは，数学の歴史において重要な瞬間となっているんだ．普通の言葉で言う定義とは違って，数学の定義は単に様子を記述するだけのものではなく直接作用するものだ．つまり，定義を構成する1語1語を操作しながら正確な定義を理解しなければ，数学はできない．定義を言葉どおりに覚えなくてはならないのは，それだからなんだよ．1語でも忘れると……」
——……ぜんぶ間違い．ちょっとだけ間違ってるってことじゃなくてね．わたしが我慢できないのはそこなのよ．
「でもね，これは数学から得られるもののうちで，いちばん重要なもののひとつなんだ．おまえの言う〈普通の生活〉で本当に役立てることのできる数学の長所なんだよ．正確さというのは，細かいことにこだわるというのとは違うんだ．数学者が新しい考え，新しい概念，新しい対象を発見すると，それを使って話したり利用したりするために名前をつけるが，すぐには厳密な定義を与えないことがよくある．たとえば，直線，円などは，ユークリッドが定義を与えるまでに長い間〈機能を果たしていた〉．こうした事情は今でも変わら

ない.」

——数学ってさ,なんでイコールって書くことにこんなに時間を使ってるんだろう?

「イコールという記号のない数学って想像できるかい? イコールは数学で最も重要な記号なんだ.〈$2 = 1 + 1$〉と書いたら,どういう意味になるかな? 2 という数と $(1 + 1)$ という数は〈まったく同じ〉数だと言っているんだ.同じ数を違う名前で呼んでいるということなんだよ.だからこのふたつを等号で結んでいる.2 になる数をぜんぶ等号で結ぶこともできる.

$$(1 + 1) = (5 - 3) = \left(\frac{10}{5}\right) = (2 \times 1) = \cdots 」$$

——それがなんかの足しになるわけ?

「なるとも.理由はいくつかある.和を表している 2 が欲しければ,$(1 + 1)$ と書く.それが差を表していて欲しいのであれば $(5 - 3)$ と書く.その他も同じように,必要に応じて,たくさんある表し方のひとつを利用する.

$a = b$ と書けば,a と b は交換が可能だということを言っている.a があるとすれば,そこに b を置き換えてもいい.反対も可能だ.

等しいの反対は〈等しくない〉で,〈$\neq$〉という記号で示される.これは,記号の両側にあるものが〈同じではない〉ということだけを示している.

だから，〈<〉や〈>〉のような大小の記号と混同しちゃいけない．」

——イコールってずっと前からあったの？

「等しいという考えはあったけど，記号はなかった．1557年に，イギリス人医師のロバート・リコードという人がこの小さな記号を思いついた．どうしてこの記号になったのかときかれて，〈わたしは平行なふたつの線，あるいは双子の線を選んだ．双子ほどそっくりなものはないからだ〉と答えたそうだ．」

——その前はどうやっていたの？

「文字で書いていたんだよ．ラテン語でね．数学の言葉はみんな文字で書かれていた．記号がなかったんだ．文字で書くのは複雑だし，長くなるし，不便だったね．」

——それじゃあ，数学の教科書は他の科目の教科書と同じみたいだったの？

「そのとおり．」

——じゃあ，＋や－は？

「それは箱の問題なんだ．」

——箱？

「1500年ころ，ドイツではいくつかの商品が木の箱に入って売られていた．いっぱいの状態だと四ツェントナー（約50キログラム）の重さがあった．

もし，箱のひとつの重さが足りなければ，たとえば5リーブル足りないとしたら，箱の上に $4c - 5l$ と書いた．重さが，そうだな，3リーブル多いとしたら，箱には $4c + 3l$ と書いた．その印はやがて木の箱から紙の上に移り，商売から代数へと移ったんだ．

古代エジプト人はふたつの象形文字を使っていた．

　　　加える　　　　　　差し引く

この図で見てわかるのは，

加える：二本の脚が文字の進む方向に進んでいる

差し引く：二本の脚が，文字とは反対の方向に進んでいる．」

——プラスというのはマイナスを線で消したもので，等しくないというのはイコールを線で消したものだね．

「そうだね．数学では，〈等しくない〉ことを言うのに，いくつもの言い方がある．それぞれ，ふたつの要素がどんな風に違うのかをはっきりさせる言い方だ．数が違っているというなら，その違いを差 $(a - b)$ と表す．もしそれが0でなければ，

ふたつの数は同じではない．もうひとつの表し方があって，それについてはみんなよく考えていない．

　割り算をするんだ．$\frac{a}{b}$．もし$\frac{a}{b} \neq 1$なら，ふたつの数は異なっている．」
——他の記号は？ 掛け算するときの×は？
「それは，イギリス人のオートレッドという人が1600年代に発明したんだ．」
——より大きいとかより小さいって記号は？
「これもイギリス人で，トーマス・ハリオットという人が×より少し前に発明した．」
——どうして片方は右側が開いていて，もう片方は左側が開いているの？
「わからない．あ，いや，それは大きい数のほうに開いているんだ．」
——じゃ，$\sqrt{}$は？
「この記号を発明したのはドイツ人だ．$\sqrt{}$は〈根っこ〉を表すラテン語，*Radix*の*R*が変形したものだと言われている．」
——ふーん．でも，どうして根っこなの？
「$\sqrt{2}$というのはなんだい？ その数の平方が2になる数ということだ．$(\sqrt{2})^2$．2乗するとも言う．つまり，$\sqrt{2}$を2乗すると2になる．土の中にある根が成長すると植物になると様子を頭に描いて

いるのだろうな.」
——なるほどね.いつも思ってることなんだけど,数ってずっと昔からあったの？

　　　これはまた唐突な.

——数ってずっと昔からあったの？

2 数

「数は，人類の歴史の初めころに，〈どれくらい？〉という問いに答えるために発明された．部族の子どもはどれくらいいるのか？ 群れに羊はどれくらいいるのか？ 空の星はどれくらいあるのか？ また満月になるまでにどれくらい日があるのか？ 数は，人間のもっとも偉大な発明のひとつだ．数があるおかげで，数えたり，測ったり，計算したりできる．

　人は，火を消さぬことを学んだのと同じように，数をとどめておく方法を学んだ．量を覚えておくために，骨や石に印を刻み，あるいは小石，紐の結び目などを利用した．次に，粘土板や木やパピルスといった媒体に印を書き留めはじめた．こうして表記法ができた．

　数を表すようになってからは，人間は計算を始めた．最初は足し算，次に掛け算．数え，並べ，番号をつけ，整理し始めた．」

　　レイは腕を差し出し，手を広げた．

「手は最初の計算機だった．人は何千年も手を

使って計算してきたんだ．

　最初の数は〈整数〉だった．これで数を数え，計算することができた．次が〈分数〉，次に0，次に負の数．こんな順番で登場した．」
——数字と数って，いつも一緒になっちゃうんだけど……
「〈3つの数でできた数字〉って言うかな？　それとも〈3つの数字でできた数〉って言う？」
——〈3つの数字でできた数〉だ！　なーるほど．
「数は数字でできている．言葉が文字でできているのと同じようにね．」
——数字は数のアルファベットだって言いたいのね？
「そのとおり．そしてわたしたちの数え方は十進法だ．」
——数字を10個使っているからなのね．でも，その数字って，数でもあるでしょ？　1，2，3……
「そうだよ．」
——でも，その反対も同じだとは言えない．
「そのとおりだ．たとえば10は……」
——……ひとつの数字ではない．
「10はひとつの数字ではない整数のうちで最も小さなものだよ．たとえば5は，555などのときは数字で，〈5本の指〉などと言うときには数だ．数字の時には表記するための記号となり，数の時

には量を表している．みんなが思っているのとは違って，数字というのは数よりもあとに，ずっとあとに発明されたんだ．数は量を表したり，大きさを表したりするための働きを持っているが，数字は数を書くという働きを持っている．

　数について問題なのは，非常にたくさんあるということだ．それがいちばんいいところでもあるし，どうしても必要なことでもある．」
——数が無限にあるんだとすれば，ぜんぶに名前をつけることなんてできるの？
「整数にはどこまでいってもきりがないというのは誰でも知っている．最も大きな整数というものは存在しない．たとえば，A という数が最も大きな整数だとすれば，それに 1 を足した $A+1$ という数も存在する．$A+1$ は A より大きいわけだから，A が最も大きな整数だという仮定に矛盾する．こういう証明の方法を〈背理法〉と呼ぶ．というわけで，最も大きい整数は存在しない．つまり，整数は無限にあるということだな．昔からどの文明も，この質問に答えを出そうとしてきた．規則や順序もなしに，行き当たりばったりに名前をつけていったらどうなるか．どの数にどの名前をつけたのか，あっという間にわからなくなってしまうだろう．めちゃめちゃになる．だからこそ，数

に名前をつけるのに，どの数かという情報が得られるような，系統的な方法を考え出したんだ．どうやったのか？ 最初に数字をいくつか選ぶ．つまり，他の数を表す役目を持ついくつかの〈選ばれた〉数字だ．それから，その数字を使って数を表記するために，数字の組み合わせ方法を整える．それが〈記数法〉と呼ばれるものだ．なかなかうまくできている方法もあれば，時間がかかって扱いにくいものもあった．古代ローマ人のやり方は，はっきり言ってひどいね．表したい数字が多くなれば，どんどん新しい数字を作っていかなきゃならなかったんだから．X（10），L（50），C（100），D（500），M（1000）……これがずっと続く．ローマ人は数字を作り続けなきゃならなかった．何十も数字が続いていたらどんな風か，想像がつくだろう．そのやり方は実際に使えるものではなくなった．きちんと役目を果たすためには，一度に数字が与えられ，量が少なくなくてはならない．

　古代ギリシャ人もヘブライ人も，たいしてすばらしい記数法を思いつかなかった．それに反して，メソポタミア人やマヤ人は，非常に効率的な記数法を持っていた．マヤ人は二十進法を使っていたし，メソポタミア人は数字をふたつしか使わなかった．1と60だ．」

──二進法みたいだ．
「違うよ．二進法は0を使わなくちゃならない．0と1だけだ．」
──まだ，わたしの質問に答えてないんだけど．
「いま答えるよ．すべての数に名前をつけることのできる唯一のやり方は，わたしたちが現在使っている方法で，〈0を使った位取り記数法〉といい，世界中で使われている．最初に一定の数字の集まりと規則が決められる．その規則によって，ある数字は，もともと持っている値のほかに，書かれている位置に応じた値を持つことになる．1717では，最初の1は1000，2番目の1は10の値を持ち，最初の7は700，2番目の7は7の値を持つ．値は位置によって変わる．これは非常にすばらしい考え方なんだ．」
──いる場所によって価値が変わる．それって，わたしたちの生活で起きてることと似てるよね？
「ああ，そうだね．社会的な地位によってその人の価値を大きく見たり小さく見たりする．それが非常に不当なこともあるんだ．だが，記数法に関しては，考えられる最高の方法だ．歴史上のあらゆる文明の夢を実現したんだからね．わずかな数の数字，10本の指と同じだけの数字を使って，世界中のすべての数に名前をつけられるんだ．どんな

数を示すにも，ひとつの名をつけることができる．そればかりか，どんな数字の並びでも，ひとつの数を表すことになる．さらに，名前を見ただけで数の大きさが明らかになる．名前が長ければ長いほど，数は大きい．これ以上のやり方はない.」
——0 はいつからあったの？
「紀元前 5 世紀くらいに，空っぽの場所を表すためにバビロニア人がひとつの記号を発明した．位取り法で百一という数を表そうと思ったら，十進法では，数を百のかたまり，十のかたまり，というふうに分解する．だから，百一だと，百がひとつ，一がひとつだ．そこで 11 と書く．ところが，11 といったら十がひとつと一になるよね．どうして混乱してしまったんだろう？ 十のかたまりが〈ない〉ことを勘定に入れなかったんだ．」
——ないことを勘定に入れる！
「百一のことはこう言わなくちゃならないんだ．百がひとつ，十がなし，一，ってね．だが，十がないことをどう表せばいいだろうか？ 新しい記号，〈あいた場所〉を示す 0 で表すのさ．この記号は数を書き表す役目を持つ．だから数字だ．これが他の 9 つの数字に加わった．これでやっと，百一は 101 と明確に表せることになった．

　0 にはもうひとつの意味がある．ある量をそれ

自体から引いたら，たとえば，5−5としたら，何も残らない．その状態をどう表せばいい？

　それはもうあいた場所を示すのとは違って，量を示している．何もないという量だ．その場合は，0は数になる．あいた場所，何もないという量，0にはふたつの側面があるんだ．」

——いつもね，0を使うとたいへんなことが起きそうな気がするの．目の前で爆発が起きるんじゃないか，みたいな．

「どんなとき？」

——なんで割ってもいいけど，0で割っちゃだめなのよ．

「何か理由があるのかい？　それとも先生が勝手に決めたの？」

——理由があるみたいなんだけど．

「理由を知りたいかい？」

——死ぬほど知りたいかも．

「掛け算だと，0はすべての数を0にしてしまう．$0 \times n = 0 \times m = 0$．これは〈消滅させる〉要素だと言える．反対に，加算では，なんの効果もない．$n + 0 = n$，0は加算にとって中立的な要素なんだ．

　さて，0で割るということについてはどうか？　0で割ることができると仮定し，その結果がどうなるかを見てみよう．任意の数字aを考える．ど

んな数字でもいいんだ．それを 0 で割る．この計算をすることは許されているんだから，結果はある数字となる．それを b と呼ぼう．つまり，$\frac{a}{0} = b$ だな．内項の積と外項の積は等しいから，もちろん覚えているだろうけど，$a = 0 \times b$ となる．$0 \times b = 0$ だから，$a = 0$ だ．a はどんな数でもいいということになっている．すると，何が証明されたのか？ 0 で割ることが許されるなら，すべての数は 0 であるということになる．」

——それって最高なんじゃない．数はひとつだけで，それが 0 だなんて！ どんなことになるにしろ，いい点がひとつあるわね．みんな成績が同じになるの．数学はみんな零点よ．

「そういうのは，最低水準に合わせた平等化って言うんじゃないか？ ローラは禁止されるのが好きじゃないと思うんだけど，代数で絶対に禁止されるのが 0 で割ることなんだ．そこから，いくつか注意しなくてはならないことが出てくる．割り算 $\frac{P}{Q}$ というのを見たら，反射的に $\langle Q \neq 0 \rangle$ と書くんだ．もし Q が 0 だったら大変なことになっちゃうからね，用心するんだよ．」

——でさ，二進法って十進法とどう違うの？

「そのふたつは，じつはよく似ているんだよ．ふたつとも 0 を使った位取り記数法だ．唯一の違い

は数字の数にある．十進法では 10 個だけど，二進法では 2 個だ．

　二進法の有利な点は，使う数字が少なくてすむこと．不便なのは，数の名前が十進法よりはるかに長くなることだ．十進法の 99 は二進法だと 1100011 となる．名前の長さの違いがいちばんはっきりしているね．」
——どうして二進法ってそんなに重要なの？
「17 世紀に，偉大な数学者で哲学者のライプニッツという人が，これを採用させようとして数学者仲間に働きかけたけど，それはうまくいかず，二進法はやがて忘れ去られた．それが変わったのはコンピュータが登場したときだ．機械に意思を伝えるのに最も適した言語だということがすぐにわかったんだ．わたしたちの書き言葉は，単語と数からできていて，26 文字（アルファベット）と 10 個の数字が使われている．たくさんの記号だ．おまけに空白もあるし句読点もある．機械と意思を伝え合うには，情報が電気によって伝えられなくてはならない．そして，電気が認めることのできる状態は 2 種類だけだ．電気が通っているか，通っていないか．数字の 1 と 0 を使うことになった．電気が通っている状態が 1，通っていない状態が 0 だ．それから，0 と 1 を使ってたくさんの

記号を表した．これに二進法が関わってくる．」

　　　　レイは書類の中を探して，しわだらけになった1枚を取り出し，笑い始めた．

「Aは01000001と書く．Bは01000010となって，Zまである．10個の数字についても同じだ．というわけで，二進法はふたつの数字で，単語と数字を含むどんな言語のどんな文章も書き表すことができる．情報は電子的手段によって非常にすばやく伝えられるようになった．コンピュータのAのキーを叩くと，強弱のある電気の流れが発生する．弱いほうが0，強いほうが1にあたる．

　だから，Aという文字，01000001だと，弱，強，弱が5回，強となる．この一連の信号によって，メモリに蓄えられた一覧表の中からもうひとつの0と1の信号が選び取られる．それは，モニター画面上の点を光らせるか消すかを指示するもので，これによってAという文字が描かれる．こんなふうにして二進法はコンピュータの言語になり，CDやDVDに刻み込まれた音や，文章，画像となる．こうして，情報が数を使った方法によって伝えられる〈デジタル〉時代となった．

　数の種類について，先を続けよう．整数の次には分数がくる．分数というのは〈壊れた数〉だ．」

——ちゃんとした数じゃないから？

「そうなんだ．分数は，ふたつの整数と 1 本の棒からできている．たとえば $\frac{7}{5}$ だ．棒の下になっているのは分母だね．フランス語の分母 dénominateur というのは「命名者」（名前を与えるもの）という意味で，その分数が何からできているのかを表している．ここでは 5 分の 1 のことだ．上にあるのは分子，数を表す．ここでは 7 だ．この分数は 5 分の 1 が 7 つあることを表している．

　分数を扱うときに出会う特性のひとつは，等しいふたつの分数についてのものだ．もしも，$\frac{a}{b} = \frac{c}{d}$ だったら，$a \times d = b \times c$ となる．ふたつの分数間の等式は，ふたつの整数間の等式を導く．例の内項の積と外項の積は等しいという公式だね．」

——整数のときは，足し算は簡単で掛け算は複雑だよね．分数だとそれが反対になるんだけど，どうして？

「約分だね．分母というのは名前を与えるものだ．両方の分数が同じ名前でなくてはならない．でないと，簡単に足すわけにはいかない．

$$\frac{12}{7} + \frac{19}{11}$$

が，分子同士の和，分母同士の和，

$$\frac{12+19}{7+11}$$

にできればこんなに楽なことはない．でも，これ

は間違いなんだ．なぜかというと，〈雑巾とナプキンを足してはならない〉という大原則があるからだ．7分の1と11分の1は違うものだから，足すことはできないんだよ．じゃあどうすればいいか？ 7分の1同士，11分の1同士なら足し算ができる．つまり，分母が同じなら足せるんだ．どうやったらふたつの分数が同じ分母を持つようにできるのか？ 7×11として同じ分母にして始めて，分子を足すことができる．

$$\frac{12 \times 11}{7 \times 11} + \frac{19 \times 7}{11 \times 7} = \frac{132}{77} + \frac{133}{77} = \frac{265}{77}$$

では掛け算は？ これは単純だ．分子同士，分母同士を掛け合わせればいい．

$$\frac{12}{7} \times \frac{19}{11} = \frac{12 \times 19}{7 \times 11}$$

覚えておくには，半分の半分を考えればいい．これは $\frac{1}{2} \times \frac{1}{2}$ で，

$$\frac{1}{4} = \frac{1 \times 1}{2 \times 2}$$

という計算だ．さっき，分数の足し算は掛け算より難しいって言ったのは，そのとおりだね．」
——ふたつの分数のどっちが大きいかを見つけるのって簡単じゃないよ．
「ふたつの整数だと，どちらが大きいかは一目でわかるね．分数だとそうはいかない．

たとえば，$\frac{12}{7}$ と $\frac{19}{11}$ だと，どちらが大きいか決めるのに苦労する．計算をしなくちゃならない．分母を同じにするんだ．

$$\frac{12 \times 11}{7 \times 11} と \frac{19 \times 7}{11 \times 7}$$

あとは分子を比べればいいだけだ．最初の分子は132，二番目の分子は133，だから $\frac{19}{11}$ の方が大きいとわかる．すぐにはわからないよ．

　古代ギリシャの数学者たちが決めたことのひとつは，整数をふたつのグループに分けることだった．2で割り切れるもの，つまり偶数と，割り切れないもの，つまり奇数だ．つまらないことのように見えるけれど，それまで誰も考えなかった区別をすることで，〈数学をする〉ことができるようになった．つまり，無限にある2種類の数のグループに関して，一般的な結果を導き出すことができるようになった．この2種類の数，偶数と奇数を携えて，ギリシャ人たちは，いくつかの数だけではなく，すべての偶数，すべての奇数に関する結果を追い求めるようになった．彼らが出した問題のひとつはこうだ．主な演算において，偶数性はどう変化するか？　偶数性は保たれるのだろうか？　偶数を足し合わせると，和は相変わらず偶数のままなのか？

　ひとつ例を挙げよう．$2+4=6$，和は偶数だ．

でも，これだけでは何の証明にもならない．他の数字を選んだときに，また和が偶数になると保証するものが何もないからだ．そう決定するためには，きちんとした証明をしなくてはならない．さっき，証明ってなんなのかぜんぜんわからないと言っていたね．もったいをつけてもしょうがない．やってやろうじゃないか．

　まず，定義から始めて，偶数とは何かを一般的な言い方で表さなくてはならない．偶数とは，〈整数を 2 倍したもの〉である．だからこれを $2n$ と書く．n は任意の整数だ．これで，n に可能な値を与えることによって，すべての偶数をつくりだすことができる．そして，できたものはすべて偶数だ．これで証明に進むことができる．ふたつの偶数の和は $2n+2n'$ で表される．n と n' と書くのは，両方とも n と書けばふたつの偶数が同じものだということになる．そうなれば，証明しようとする公理の一般性が損なわれる．$2n+2n'$，この段階では何の結論も出ない．これを，効果のある言葉，〈整数の 2 倍〉に変化させなくてはならない．因数分解して，$2n+2n' = 2(n+n')$．n と n' はふたつの整数だから，その和も整数 n'' となる．だから，$2n+2n' = 2(n+n') = 2n''$ と書くことができ，これはまさに偶数となる．これで，ふたつの偶数

の和は偶数だということを証明できた．

じゃあ，奇数はどうなるか？ 偶数を記述するときに考えたのと同じ方法を使わなくてはならないだろう．たとえば，偶数に1を加えれば奇数が得られる．だから奇数は $(2n+1)$ だ．さあ，証明に進もう．

$(2n+1)+(2n'+1) = 2n+2n'+2 = 2(n+n'+1)$，だが，$n$ と n' が整数ならば，$n+n'+1$ もやはり整数だから，これを n'' としよう．等式の続きを書くと，$(2n+1)+(2n'+1) = 2n+2n'+2 = 2(n+n'+1) = 2n''$ となる．つまり，これは偶数だ．だから，ふたつの奇数の和は偶数である，と宣言できる．偶奇性は保たれないんだ．だが，ふたつの奇数の和が（常に）奇数になるとわかったとしてもやはり役に立つ．反対に，これを一般的なことだとして言えないのなら，それほど興味深くはない．

掛け算では何がおきるかを見てみよう．ふたつの偶数の掛け算，$2n \times 2n' = 4n \times n'$．これを〈何かを言う〉書き方に変えるには，因数として2が表に出るようにしなくてはならない．やってみよう．$4n \times n' = 2(2n \times n')$，つまり偶数だ．

奇数ではどうだろう．$(2n+1) \times (2n'+1) = 4nn'+2n+2n'+1 = 2(2n \times n'+n+n')+1 = 2n''+$

1，つまり奇数だ．偶数 × 偶数 ＝ 偶数，奇数 ×
奇数 ＝ 奇数．そこから，掛け算は偶奇性を保つと
いう結論を出す．数学をやるというのはこういう
ことなんだよ．一般的な特性によって定義された
グループの動きを導き出すんだ．」

——足し算で結果が出るのに，どうして掛け算をや
るの？

「足し算をやらずにすむように掛け算をするんだ．
　2＋2＋2＋2＋2（記号9個）を，掛け算を使え
ば5×2（記号3個）と書ける．記号6個を節約で
きる．」

——じゃあ，累乗っていうのは？ どんなときに出て
くるの？

「掛け算が足し算を何回もやることだというのと
同じように，累乗というのは掛け算を何回もやる
ことと同じだ．5×5×5（記号5個）を，累乗を
使えば5^3（記号2個）と書ける．記号3個を節約
できる．

　演算には3つの段階がある．加算，乗算，累乗
だ．乗算は加算を繰り返したもので，累乗は乗算
を繰り返したものだ．

　だから，理論上では，加算だけですべての計算
ができることになる．たとえば，$5^3 = 5 \times 5 \times 5$
＝（5＋5＋5＋5＋5）＋（5＋5＋5＋5＋5）＋（5

＋5＋5＋5＋5）＋（5＋5＋5＋5＋5）＋（5＋5＋5＋5＋5）となる．括弧を勘定に入れなくても，使う記号は 49 個にもなる．ちなみに，コンピュータはこんな風にして計算しているんだ．足し算をたくさんやるが，1 回にかかる時間は少ない．」

——正方形と平方にはなんか関係があるの？

「ギリシャの数学者たちは，数と幾何学図形の間にたくさんの結びつきをつくった．彼らにとって，図形の，一辺が 5 で 5×5 の面積を持つ正方形は，〈5 の 2 乗（平方）〉という数と結びついていた．同じように，1 辺が 5 で 5×5×5 の立法の体積を持つ立方体は，〈5 の 3 乗（立方）〉という数と結びついていたんだ．

　同じようにして，分数の計算の規則，累乗の計算の規則も導き出した．こうした規則は勝手に決めたものではない．累乗の定義から直接に出てきたものだ．

　ここでも，掛け算をするほうが足し算をするより簡単だ．

　$2^3 + 2^5 =$ 簡単に書く方法はない．なんといっても，これは 2^{3+5} とはならないんだ．

　反対に，$2^3 \times 2^5 = (2 \times 2 \times 2) \times (2 \times 2 \times 2 \times 2 \times 2)$ となる．括弧を取り去る．整数の掛け算ではそうしてもいいことになっているからね．だか

ら，$2^3 \times 2^5 = 2 \times 2 \times 2 \times 2 \times 2 \times 2 \times 2 \times 2 = 2^8 = 2^{3+5}$ となる．

　これは累乗に関して最も重要な規則だ．左辺に累乗の積があり，右辺には乗数の和がある．$a^n \times a^m = a^{n+m}$

　和から積，積から和への変化は累乗の特徴となっている．これが累乗のいちばん面白い部分だ．もしも，同じ数の累乗をかけ合わせたければ，乗数を足しさえすればいい．つまり，掛け算の代わりに足し算をすればいいんだ．」

——どうして掛け算は割り算より簡単なの？

「それはね，割り算は掛け算や足し算のように直接定義されていないからだ．割り算は，掛け算を基にして定義されている．割り算は掛け算の計算を逆にしたものなんだよ．割り算に取り掛かるときは，頭の中に掛け算をおいておかなくてはならない．

　$\frac{A}{B}$ というのは何だろう？〈商〉の C という数は，$B \times C = A$ となる数のことだ．割り算をするとは，B 倍すると A になる数 C を見つけ出すことなんだ．」

——割り算は掛け算より難しいのよね．それが掛け算より重要だというのはどうして？

「割り算の話をする前に，分配の話をしよう．A と

いう数をふたつに分けるというのは、足すと A になるふたつの数を見つけるのと同じだ。

6個の要素があるものをふたつに分けるとする。(1,5)、(2,4)、(3,3)、(6,0)という分け方が可能だ。4つある分け方のうち、ひとつだけが〈平等〉になる。(3,3)で、これは2で割ることで得られる。割り算というのは、唯一の平等になる分け方なんだ。これは大きな長所だ。2分の1同士は等しいし、3分の1同士も等しい。

割り算は難しいから評判が悪いけど、答えの重要性から言ったらおそらくいちばんだね。約数が割られる数について与える情報は、倍数が元の数について与える情報よりずっと多い。

どんな数にも、それの倍数は無限にある。ところが、約数の数は限られている。約数は、元の数より小さくなくちゃならないからだ。」

——それって、素数となんか関係があるの？ 素数ってすごく重要なの？

「そうだよ。さっき、2で割れる数とその他の数についてギリシャ人が区別したという話をしたね。もうひとつ重要な区別があるんだが、それは、他の数で割ることのできる数と、割ることのできない数という区別だ。6と7を見てみよう。6は2と3で割ることができる。7はどんな数でも割

りきれない．そうした数，2，3，5，11，13，17，19，……を〈素数〉と言う．整数で，それを割ることのできる数はなく，どんな数の倍数でもない．

数学者たちは，非常に重要な結果を得て夢中になった．その結果とは，どんな整数も，素数の積として求められるということだった．だから，素数だけを手に入れることができれば，すべての整数が手に入るわけだ．

常に同じ考え方なんだ．あるグループの要素の中で，グループ全体を作り上げることを可能にする要素はあるだろうか，と問いかけること．たとえば，三角形はすべての多角形を作り上げることを可能にする．

素数は〈レンガ〉のようなもので，それを掛け算していくことで，すべての数を作ることができる．どんな整数も，素数の積になっているんだ．逆に，すべての整数は，素数の因数に分解できる．さらに，この因数分解をする方法はひとつしかない．数学をやるときには，この〈ひとつしかない〉という言葉はとってもうれしいものなんだ．素因数分解なんかは，ひとつのやり方しかない．

ある整数が素数かどうかを知るには，その数よりも小さく，その数を割り切ることのできる数があるかどうかを見ればよい．面倒なやり方だが，

必ず結果は出る．そこで定義はこうなる．素数とは，1とその数自身でしか割ることのできない数である.」

——この定義ってなんかよく飲み込めないのよね．1で割り切れるっていうのがよくわからない．その数自身で割り切れるっていうのも．6が2とか3で割れるっていうのは意味があると思うんだけど，1とか6で割れるからってどうってことないじゃない．

「でも，それは1で割れるのかい？」

——それが重要なの？

「割れるか割れないかをきいてるんだよ．どっち？」

——割れる．

「少しずつ進もう．もしも$A = B \times C$なら，BとCはAの約数だ．

$6 = 2 \times 3$だから，2と3は6の約数になる．だが，$6 = 6 \times 1$だから，定義に従えば，6と1は6の約数になるんだ．どんな数であれ，$n = n \times 1$だから，nは1とそれ自体によって割ることができる．だから，素数の定義は1とそれ自体以外の約数を持たない数ということになっているんだ．これは数学が定義を〈文字通りに〉解釈するといういい例だね．1とそれ自体以外の数と言わなければ，定義は間違いになる.」

——60という数はいろんなところで利用されているよね．秒とか分とか時間とか，1日は24時間だし，ダースって言い方もあるわ．
「そうだ．10と12の間で勢力争いがあったんだよ．12の優れたところは，約数が多いことだ．10よりも多いんだよ．

卵が1ダースあったら，テーブルを囲んで食事する人の間で公平に分けなくてはならない．2人なら6個ずつ，3人なら4個ずつ，4人なら3個ずつ，6人なら2個ずつに分けられる．4つの場合に対応できる．

今度は，卵が10個あるとしよう．対応できるのはふたつの場合だ．2人で卵が5個ずつ．5人で卵が2個ずつ．別の言い方をすれば，12には1，2，3，4，6，12と6個の約数があり，10には1，2，5，10の4個しかない．

100と60を比べてみよう．100には9つの約数があるが，60には1，2，3，4，5，6，10，12，15，20，30，60と12個の約数がある．約数のうちの4個はなんと素数なんだ，すごいね．100よりも小さい数なのに，約数の数はこちらのほうが多い．60というのは割り算のエースなんだよ．

円に関係してくると，100よりも60が使われる．1時間は60分．30分ずつにふたつに分けら

れるし，20 分ずつ 3 つに分けられることも，15 分ずつ 4 つに分けられることもある．5 つに分ければ 12 分ずつになり，10 分ずつ 6 つに分けることもできるんだ．」

――数には点のついたものとつかないものがあるよね．どう違うの？

「これまで，数には 2 種類あることを見てきたよね．整数と分数だ．わかっていると思うが，整数はかならず分数の形でも書き表すことができる．それもひとつだけではない．5 は $\frac{10}{2}$ とも書けるし，$\frac{15}{3}$ とも書ける．すべて，分子が分母の 5 倍になっている分数だ．」

――整数はかならず分数でも書けるけど，その反対はできないの？

「一部の分数は整数の形で書ける．」

――分子が分母の何倍かになっている場合ね．

「それ以外の場合，整数の形では書けない．$\frac{3}{2}$ は絶対に整数にはならない．分数の横棒をなくす新しい書き方が発明された．小数だ．もう分子も分母もいらない．1 行で書けてしまう．小数点の左にある数字の列は整数部分，右にある数字の列は小数部分だ．たとえば，155.31 というふうに．この一般的な書き方で，あらゆる種類の数字を書き表すことができる．0 以外の有限な数の小数部分を

持つのが有限小数だ．たとえば，$\frac{1}{8} = 0.125$．それに対して，$\frac{1}{3} = 0.333\cdots$ は有限小数ではない．」

——どうやったら分数を小数に変えられるの？

「これはもう簡単だ．分子を分母で割ればいい．$\frac{5}{4}$ は 1.25 と書けるし，$\frac{10}{3}$ は 3.333⋯ となる．右側にある点は 3 がずっと続くという意味だ．2 は，2.0 と書ける．小数を定義したのはアラビアの数学者だった．1325.2457，この数字の意味は何だろう？ 整数部分は $1 \times 1000 + 3 \times 100 + 2 \times 10 + 5 \times 1$ と分解され，それに小数部分の $\frac{2}{10} + \frac{4}{100} + \frac{5}{1000} + \frac{7}{10000}$ が加わる．小数点のあとに最初に並んでいる数字が，小数 1 位の数で，以下，2 位，3 位と続く．

ひと言でいえば，小数点の後ろは小数点の前が 10，100 と進むように，10 分の 1，100 分の 1 と進む．」

——マイナスの数って昔からあったの？

「いや．負の数ができたのはかなりあとになってからだ．古代のメソポタミア人もエジプト人も中国人も，古代ギリシャの数学者たちさえ，負の数を持ってはいなかった．」

——でも，マイナスの数なしでどうやっていたのかな？

「a という量からは，$b < a$ つまり a より小さい数しか引けなかったんだ．古代の人の引き算には限

界があったのさ．ヨーロッパでは，この〈何もないのより少ない〉ものをなかなか認めることができなかった．

人は，どうしても解決できない問題に出会ったときに初めて，それを解決できるような何かを発明するものだからね．数を数えたり，大きさを測ったりするだけなら，正の数だけで十分なんだ．

3から2を引くにはどうすればいい？ $(3-2)$ は，2にその数を足すと3になる数だ．その数は1だね．ここでは，大きい数から，それよりも小さな数を引いた．もしも，小さな数からもっと大きな数を引いたらどうなるだろう？ それは長い間不可能だとされていた．それが可能になるためには，3に足すと2になるような新しい数が必要だったんだ．これが〈-1〉だよ．実際，$2-3=-1$ となる．$3+(-1)=2$ だからね．

0が存在しなければ負の数は定義できない．-1 とはなんだろう？ $+1$ に足して和が0になる数のことだ．$+1-1=0$

このように，整数 n にはすべて〈対称となる数〉$-n$ という負の数がある．

負数が発明されるのは遅かった．分数よりもずっと後のことだ．この新しい数を最初に考えついたのはインド人だった．0もインドで発明され

たんだよ．7世紀，インドの数学者ブラーマグプタは資産と負債に関して正の数と負の数で書き表した．負債と資産の記述には，資産が負債を埋め合わせて0になる，バランスの取れた状態を想定しなくちゃならない．何もないところから資産を引くと負債になる．$a > 0$, $0 - (+a) = -a$. 何もないところから負債を引くと資産になる．$0 - (-a) = +a$. ふたつの資産，あるいは負債の積と商は資産になる．$a, b > 0$, $a \times b > 0$, $(-a) \times (-b) > 0$.

資産に負債をかけたもの，負債で割ったものは負債となる．

$a \times (-b) < 0$, $\frac{a}{(-b)} < 0$. もしも負債を帳消しに……」

――寄付をするのよ！　それがいいな．発想の転換ってことよ．

「何か気づいたことはないかい？」

――これって，符号の規則じゃなかったっけ？

「そのとおり．インドの数学者が考え出してから1000年もたって，負の数はようやく西洋の数の扉をこじ開けた．15世紀にはまだ，負の数を*numeri absurdi*，筋の通らない数と呼んでいた．偉大な数学者の多くは，負の数を拒否していた．本当に負の量を得るには，何もないところから何かを引かなくてはならない，そんな操作は不可能だと偉大

な数学者のラザール・カルノは1802年に書いている.

現在では,こうした数は何の問題も引き起こさない.子どもたちに聞いてみればいい.子どもたちにとって,−2というのは大型店の地下2階のことで,土曜に家族で買い物に行くとき自動車を停める場所だ.」

——因数分解の公式は,どうして等式じゃなくて公式って言うの?

「それはね,式の中にある変数にどんな値を入れても常に正しい等式だからだよ.中学でも,高校でも,暗記しろと言われるのは公式だけだ.それは常に正しいからだ.

だから $(a+b)^2 = a^2+2ab+b^2$ という式は a や b にどんな値が代入されても常に正しい.同じく,$(a-b)^2 = a^2-2ab+b^2$ だし,$(a-b)(a+b) = a^2-b^2$ だ.すべての項の次数が2だということがわかるかな.次数が2というのは,ふたつの数の積になっているということだ.a^2, b^2, $2ab$, $-2ab$ がそうだね.$a-b$ と $a+b$ は一次数だ.だから,$(a-b)(a+b)$ も二次数となる.

最初の公式,$(a+b)^2$ は $(a+b)(a+b)$ の積だ.これを,3つの要素の和に変えている.言い換えれば,ふたつの数の和の2乗は,その数の積を2

倍したものに，それぞれの数の2乗を足したものだ．$(a-b)^2$ も同じことが言える．$(a+b)(a-b) = a^2 - b^2$．この公式は非常に面白い．これも，積を和に変えている．」

——差でしょ．

「わかった，差だね．そのうえ，これのふたつの項は平方数だ．わたしは平方の数が好きなんだ．」

——いつも正の数だから？

「そうなんだよ．つまり，余計に情報が得られるということになる．a^2 と b^2 というふたつの正数の差だということがわかるんだ．いつだって式の中の符号を知ることは役に立つ．それが数ならば，符号はわかる．だが，文字で書かれたものなら，正なのか負なのかはわからない．ところが，はっきりとわかるものがふたつだけあって，それが平方の数 a^2 と絶対値 $|a|$ というものだ．a の値が何であれ，そのふたつは常に正の数だ．

$A < B$ という不等式を考え，両方の辺に a をかけるとするとどうなる？不等号の向きはそのままだろうか．これは大きな問題だ．a の符号について何も知らないとすれば，aA と aB の関係については何も結論を出すことはできない．ところが，$a^2 A < a^2 B$ とは書くことができる．なぜかといえば，不等式の両辺に正の数をかければ，不等号の

向きは変わらないからだ.」

——分配法則というのは？

「それは, 加算と積算の間のルールだ. 何をしたいのか, 必要に応じて, 足し算を扱うか掛け算を扱うかを選ぶことができる. ふたつのやり方の関係が分配法則というもので, 和を積に変えたり, 積を和に変えたりできる変換機だとみなすことができる. $(a+b)$ という和に c をかけた積は, $a \times c$ という積と $b \times c$ という積を足した和と同じだ. $(a+b) \times c = a \times c + b \times c$. 分配の法則には, 因数分解の公式によく似た操作が含まれている. これは, ある式を, やりたいことに応じてもっと便利な形に変更するものだ.」

3　幾何

「幾何の世界には何があるだろう？」
——目に見えるものぜんぶ．
「3という数は？　目に見えるよ．」
——形を持っているものぜんぶ．
「3という数には形があるよ．」
——3ていうのは書くものでしょ，直線というのは描くものなの．
「すごい．そういう分け方は思いつかなかったなあ．」

> レイはちょっと感心したようにローラを見た．ローラの思いがけないひらめきにはいつもびっくりさせられる．レイはそのことをひそかに自慢に思っていた．

「最初に，点がある．点というのはだいたい忘れられている．たしかに，ほとんど何もないと言うときに，〈点より小さい〉とか〈点もない〉という言い方をするくらいだからね．あらゆる図形は，点からできている．点というのは幾何の原子，いちばん小さな単位なんだ．

それから，平面図形がある．曲線，円，楕円，直線，三角形，四辺形（正方形，長方形，菱形，平行四辺形，台形），あらゆる多角形．それから，空間にある図形，立体だね．局面を持つものとして有名なのは，球，円柱，円錐，平らな側面を持つものとしては角錐がある．最も単純そうに見える図形から始めよう，直線だ．最も大きな特徴は何かな？」
——まっすぐ進んで，角がなくて，それたりもしなくて……
「……方向を変えないんだね．絶対に元のところに戻ってきたりしない．」
——時は矢のように進むって言い方をするのはそれだからなの？
「そうだね，時は絶対戻ったりしないからね．15歳は一度しかないんだ．有効に使わなきゃね．自然現象の多くは直線と結びついている．植物は天に向かってまっすぐ伸びる．石は地面に向かってまっすぐに落ちる．それに，光は直進する．

　直線は無限の点からできている．だから，直線を定義するには無限の点を知らなくてはならないのだろうか？　いやいや，ふたつの点だけでいいんだ．実際，〈任意の二点を通る直線は一本だけである〉というのは幾何の公理のひとつになってい

る．つまり，ふたつの点がひとつの直線を決定するんだ．〈決定する〉とはどういうことだろう？つまり，ふたつの点が与えられれば，ひとつの直線がわかるということだ．ふたつの点 A と B があれば，そこを通る直線を〈直線 AB〉と呼べる．そのふたつの点で，直線状にあるすべての点を手に入れることができる．

　直線の最もすばらしいところは，的確だという点だ．直線はふたつの点を結ぶときの最短の道なんだ．平面では，ということを強調しておくがね．」
——どうして強調するの？
「なぜかというと，別の幾何空間では正しくないからなんだよ．たとえば，球の表面といった場所ではね．」
——どの場所でそれが正しいのかをはっきりさせるということなのね？
「そのとおり．こんどは曲線にいこう．直線は方向を変えないけど，曲線は角を作らずに方向を変える．

　ふたつの直線 D と D' がある．その直線はふたつの点で交差すると仮定しよう．さて，ふたつの点を通る直線は 1 本しかないと言ったばかりだね．だから，2 本の直線がふたつの点（あるいはそ

れ以上の点）で交差するとしたら，その2本の線は一体となっている．だから，もし異なったふたつの直線が交差するとしたら，ただ1点でしか交差しないと断言できるわけだ．そのことを表すふたつの言い方がある．〈ふたつの直線がひとつの点を決定する〉と，〈ふたつの点がひとつの直線を決定する〉だ．直線と点という言葉を入れ替えても成り立つんだ．そして，もし直線が交わらないとすれば……」

——平行だ．

「いや，かならずしもそうではない．交わりはしないが，平行ではないという場合がある．ふたつの直線は，そうだな，互いに気づかずにそばを通り過ぎることがある．たぶん，長い飛行機雲が空で交差しているのを見たことがあると思う．危うくぶつかるところだったんだな，と思うかもしれないが，ぜんぜんそんなことはなくて，飛行機雲は同じ平面にはないから，衝突することはないのさ．

　交わらないふたつの直線が平行なのは，それが同じ平面にあるときだけだ．だから，〈ふたつの直線は平行であるか交差するかのどちらかだ〉というのは，平面上でしか正しくはない．空間においては，もうひとつの可能性がある．ふたつの直線は，平行でもなく，交差もしない場合がある．つ

いでだけれど，どんな空間での話なのかを明確にする必要があることの，これはいい例だね．

　だから，D と D' が平面上の直線であり，ふたつが，

・共通な点がひとつもなければ，ふたつの直線は平行である．

・共通な点がひとつあれば，ふたつの直線は交差する．

・共通な点がふたつあれば，ふたつの直線は一体であり，$D = D'$ である．

　ふたつの点がひとつの直線を決定する．ああ，嘘を言ってしまったぞ．」

——ふたつの点，M と M' はひとつの直線を決定するんじゃなかったの？　さっきそう言ったじゃない．

「ふたつの異なった点，と言わなかった．」

——ふたつの点は違ってるんでしょ．だって，ふたつの点というんだから．

「ふたつの点を取り上げたのは確かだが，それが同一の点ではないという保証はない．」

——だって，名前が違うじゃない．ひとつは M だし，もうひとつは M' なんだから．

「それはそうだが，M と M' が同じ点の違う名前であっていけないわけじゃないだろ．」

——だから？

「もしも，そのふたつが違うものであって欲しいなら，そう要求すればいい．こう言うんだ，ふたつの異なった点 M と M' はひとつの直線を決定する．で，点が3つ……異なった点が3つになると？ 3番目の点の状況によって違う．もしも最初のふたつの点と並んでいるのなら，その点の場所がどこにあっても事態を変えることはない．すでに決定された直線の上にあるからだ．

　もし反対に，最初のふたつと並んでいないのなら，その点の場所によってすべてが変わる．3つの点はひとつの三角形を決定し，同時にひとつの平面も決定する．並んでいないこの点の登場によって，大きな飛躍ができるんだ．舞台は直線から平面へと移る．空間を大きく広げてくれるんだ．」

——ところで，交差するふたつの直線には角がいくつできるの？ ふたつ？ 4つ？

「実はわたしも，角というのは難しいと思っていたんだ．角度 Angle という単語はギリシャ語の *ankon*（ひじ）あるいはラテン語の *anglus*（隅）からきている．角は，ずっと長い間〈傾き〉として話されていた．ある直線が別の直線に対してどれほど傾いているか，というのが角度だったんだね．でも，それはあんまり正確な言い方でもないし，扱いも難しい．今日では，交差するふたつの直線

は空間を4つに分け，それぞれがひとつの角度を持つという言い方をする．

　その4つの角は，ぜんぶがばらばらなわけではない．交点に向かい合った角は等しい．頂点は同じだし，辺は平行になっている．だから，等しい角が2組あるわけだ．

　特別な状況が存在する．4つの角が等しい状況だ．これが直角の定義になる．直角は，角度とかグラード〔注：全円周の長さの1／400に等しい円弧の長さの単位〕で測るものではなく，4つの角が等しい特別な幾何学的状況を基準の角として直角と呼んでいるんだ．直角より小さな角を鋭角，直角より大きな角を鈍角という．直角がふたつで平らになり，4つで完全に一周する．次に，角度を測る単位を定義する．度，グラード，ラジアン，周が単位として使われることもある．」
——角度にいろんな単位があるのはどうして？
「フランス革命のとき，新しい計量制度が定められた．メートル法というもので，そのときに単位も決まった．メートルとかキログラムとかだね．この単位は十進法に基づいている．それまでの制度とはまったく違い，また使うのがずっと簡単になった．角度はそれまで60という数を基本にしていた．これを新しい制度に組み入れるために十

進法にしようと考えて作ったのがグラードという単位で，基本となる直角を 100 グラードとなるようにしたものだ.」

——直角に交わるという言葉にはふたつの単語, orthogonal と perpendiculaire というのがあるけど，どう違うの？

「形容詞としての使い方のことを考えているのなら，どこも違わないよ．orthogonal というのは元がギリシャ語で〈直角〉, perpendiculaire の元になっているのはラテン語で〈下げ振り（鉛のついた紐）〉のことだ．下げ振りは垂直に下がって地面に直角になる．

だが，実体としての垂線を指すなら, perpendiculaire を使う．垂直とか直交という言葉は距離を計算するときに使うね．たとえば，点 M からある直線への距離は，その点から直線に垂線を引く．その線は点 H で直線と交差する．すると, M から直線への距離は MH の長さとなる．平行なふたつの直線間の距離を計算するには, H と H' で直線と交差する垂線を引く．HH' の長さがふたつの平行線間の距離となる．平行 parallele という言葉の意味を知っているかい？ ギリシャ語で〈向かい合わせの〉という意味を持つ *parallelos* からきているんだ．どこまでいっても向かい合わせに位置す

るふたつの直線．ついでに，$D \parallel D'$ だったとして，どうやったら D と D' が別のものだということを導き出せるだろう？ 方法はない．というのも，D は別の直線に対して平行であるが，自分自身に対しても平行だからだ．もし $E \perp F$ だとすると，それについてはどう考えられるだろう？ わたしは，$E \neq F$ だと断言できる．直線は，自分自身に対して垂直であることはできないからだ．

　垂直を使って平行を証明することができる．たとえば，平面上で，直線 H が D, D' というふたつの直線に対して垂直だとしたら，直線 D, D' は平行だ．もし $H \perp D$ で $H \perp D'$ なら $D \parallel D'$．」
——なんで三角形にあんなに時間をかけるのかなあ？
「三角形は直線でできた閉図形のうち最も小さな図形だからだ．」

　　　ローラは理解できないようだ．

「説明するよ．3つより少ない線分で，閉空間を作ることはできない．ふたつの線分では，あらゆる方向に開いた空間しか手に入らない．」
——それって，閉じこもろうとしたら三角形の中に入るしかないってこと？
「ちがうよ．閉ざされた空間を手に入れたいのなら，3つの辺があれば十分だということだよ．」

——だって，円はどうなの？
「わたしがどう言ったか思い出してごらん．〈直線でできた〉閉図形のうち最も小さなものと言ったんだよ．言葉をひとつ忘れただけで，それは間違いになる．」
——それ，重要なことなの？
「閉空間かどうかってこと？ すごく重要な区別だよ．三角形，正方形，円は境界がある．直線，放物線にはない．限界がないんだ．だから，面積を計算できるような領域がない．」
——面積があるのは閉図形だけで，そうじゃないものにはないの？
「面積をどんなふうに定義したい？ 区切られた領域の広さ，かな？ 開かれた空間の面積なんて考えようがない．三角形に戻ろう．三角形すべてに共通していることって何だろう？ 内角の和が180°だということだ．こうなっていると三角形は〈閉ざされている〉状態だ．

この重要な特徴のおかげで，ふたつの角の角度がわかればもうひとつの角度がわかる．和がわかっているからね．残念なことに，辺については同じようなことができない．ふたつの辺の長さがわかっていても，もう一辺の長さを導き出すことはできない．

その特徴から出てくる結果はもうひとつある．ひとつの三角形に存在できる鈍角はひとつだけだ．ふたつあったら，和が180°を越えてしまうからね．だから，三角形には2種類あると宣言できる．鋭角を3つ持っているものと，鈍角をひとつと鋭角をふたつ持っているものだ．直角三角形については，ひとつの角が直角なのだから，他のふたつの角は鋭角で，角度の和は90°となる．

　三角形の3つの角についての知識があっても，辺の長さを決定することはできない．だから，その〈大きさ〉については何もわからないが，〈形〉がどうなのかはわかる．また，同じ形を持っている三角形，つまり，同じ角を持っている三角形同士は，辺の長さに比例関係がある．

$$\frac{AB}{A'B'} = \frac{AC}{A'C'} = \frac{BC}{B'C'}\rfloor$$

——でも，どうして三角形がそんなに重要なの？
「どうしてかというと，三角形を使えば，辺がいくつある多角形でも，あらゆる多角形を作れるからだ．菱形？　ふたつの同じ二等辺三角形を底辺のところでくっつければいい．正方形？　ふたつの同じ直角二等辺三角形を斜辺のところでくっつければいい．長方形？　同じ直角三角形を，斜辺のところでくっつけ合わせればできる．旅に出るときに，多角形をぜんぶ背負っていかなくても，三角

形だけ持っていけばいいというわけさ．五角形が欲しければ，三角形を3つかばんから取り出せば五角形ができる．八角形？ 6つ取り出せばいい．

　もうひとつ，三角形は〈目に付きやすい〉という性質がある！ 車で霧の中を進んでいく，とつぜん行く手に赤い三角形が見え，運転手はブレーキを踏む．路肩にトラックが停まっている．事故を起こさずにすんだ．正方形，五角形，円，三角形，遠くから見ていちばん目に付くのはなに？ 道路上の危険を知らせるのに，なぜ三角形が選ばれたんだろうね？ それは，三角形が最も目に付く形だからだ．三角形は鋭角を持っている．鋭角は〈先端〉だ．それに，方向を示すのには矢印を描くよね．矢印というのは三角形の後ろに線がついたものだ．ギリシャ文字の Δ（デルタ）は，三角形であらわされ，川の三角州（デルタ）の形を表している．

　頂点と辺の関係について見ていこう．各頂点にはふたつの隣接辺があり，それぞれの角には向かい合う対辺がある．対辺は各頂点につきひとつしかない．四角形では，対辺がふたつある．

　それから重要な線をいくつか定義しよう．高さ，中線，垂直二等分線，内角の二等分線だ．高さは，ある頂点から対辺に下ろした垂線で，従って，

その長さは頂点から対辺までの距離となる．中線はある頂点とその対辺の中点を結んだ直線だ．ある辺の垂直二等分線は，その辺の中点を通る垂直な直線のことだ．内角二等分線は，ひとつの角を等分する半直線のこと．」

——高さが3本，内角二等分線が3本，垂直二等分線が3本，中線が3本．三角形って3ばっかりね．

「そうだね．垂直二等分線を引いてみよう．よし．2番目の垂直二等分線を引こう．この線は最初の線に交わる．3番目のを引こう．これも最初の2本と交わるはずだ．だけど，どこで交わるかな？ 最初の2本が交差した，ちょうどその点で交わるんだ．すごくないかい？ 3つの垂直二等分線は同じ点で交差するんだ．なぜこんなことがおきるんだろう？ だって，それには理由があるわけだからね．そこで証明しようとする．証明は驚きから出てくる．疑問に答えるという目的があるんだ．どうしてこんな驚くべきことがおきるのか，という疑問だ．証明が成功すれば，理由が明らかになる．相変わらず驚くべきことではあっても，もう謎はなくなる．」

——さっき言ったのはそのことなのよ．数学では何もかも説明がつく．何にでも理由がある．

「少なくとも数学者はそう信じているね．数学者

というのは，理解したいし，説明したいし，証明したいんだよ．おきることに何にも説明のつかない世界のほうが好きかい？」

——証明されないこともある世界のほうが好きだな．何もかも理由がないほうがいいと言ってるのとは違うんだからね．

「説明されたからって驚きがなくなるわけではない．謎が取り去られれば美しさが残る．その美しさがどこから生まれるのかを理解すれば，感嘆の気持ちはさらに強くなる．でも，驚きはこれで終わったわけではない．同じことが内角二等分線でも起きるんだ．やはり同じ場所で交差する．中線でも，高さでも同じことが起きる．それぞれの線は1点で交わるんだよ！　まるで三角形の中に，その幾何学的図形の中に，引力のようなものがあって要素を結び付け，1点に集めているかのようだ．この4つの交点は，もちろん重要な点だ．たとえば，中線が交わる点は戦略的に重要な場所で，三角形の重心となっている．ちょっと実験してみよう．金属の三角を釘の上に載せてみる．釣り合いが取れなくて落ちる．今度は，重心のある場所を釘の上に載せてみよう．三角形は釣り合いが取れる．別のこともある．前輪が2個ついた新しいスクーターを知ってる？　あれはすごく安定してい

る．走っていないときでも，倒れないように足を地面につかなくてもいい．3つの車輪は，1列に並んでいるのでなければ，三角形をつくるからだ．そして，三角形は安定している．安定した乗り物を作るには，4つの車輪は必要ではないんだ．」
——だからわたしは三輪車から乗り始めたのね．
「ほらね，数学は役に立つんだよ．」
——三角形だけに使う合同条件っていうのがあるのはどうして？
「ひとつの種類の対象を定義するとき，最初にやるのは，どんな条件があればそのうちのふたつが等しいものだと宣言できるかを決めることだ．幾何では，ふたつのものをぴったり重ね合わせることができればそのふたつは等しいと言える．つまり，それぞれの構成要素が等しければ等しいことになる．しだがって，すべての構成要素を見て，比較しなくてはならない．そこで，要素の一部だけを比較すればすむ最も〈経済的な〉手段はないかと考える．

　円の場合を考えてみよう．ふたつの円が同じものであることを証明するには，直径，あるいは円周が同じことを証明すればいい．ひとつの等式で十分だ．それも当然で，円は直径あるいは円周によって完全に決定されるからだ．

円の合同条件はしたがって次のようになる．直径が等しければふたつの円は合同である．
　三角形だとどうなるか？ 三角形には3つの角と3つの辺がある．だから，ふたつの三角形が合同だと宣言するにはその6つが等しいことを証明しなくてはならないだろう．実際は5つだ．というのは，ふたつの角がわかれば，3番目の角がわかるからだ．もっと〈経済的な〉方法は存在するだろうか？ 答えは，存在する，だ．それが，合同条件の3つの場合に当たる．たとえば第一の場合，同じ角に挟まれた同じ長さの辺を持つふたつの三角形は合同である．角度がふたつ同じで，辺の長さがひとつ同じ，つまり，5つが等しいという代わりに3つですむ．別の言い方をすれば，ひとつの辺と，それを挟むふたつの角を与えられたら，ひとつの三角形しか描けないということだ．」
——三角形を描こうとすると，二等辺三角形とか直角三角形になっちゃうのはどうしてかな？
「それは印象にすぎないよ．実際に辺の長さを測ってみれば，違っていることがわかるはずだ．角度も同じさ．三角形は定義上特別な特徴を持たない．同じ長さの辺も，同じ角度も，直角も必要ではない．ところが，数学で得られる結果は，そうした特徴から出てくることが多い．一般的で特

徴の少ないものほど，法則を導き出すことができない．だから，直角三角形や二等辺三角形，等辺形，正方形，菱形などを勉強することが多くなるんだよ．

　ギリシャ人は，ある種の三角形は〈同じ脚をふたつ〉持っていると言って，そうした三角形に *iso-skelos*，*iso*（同じ）*skelos*（脚）という名前をつけた．それが二等辺三角形 isoceles の語源だよ．辺が 3 つとも違う三角形は〈*scalene*〉（不等辺三角形）と呼んだ．脚の長さが違う三角形だね．」

　　ローラは大声で笑った．

——三角形は片足を引きずって歩くし，円はうまくまわらないし，幾何っていい加減！
「それでも，25 世紀ものあいだ続いてきたんだぞ．直角三角形と普通の三角形の関係について話したし，つぎに三角形と多角形の関係についても話した．これから，多角形と円の関係について見て行こう．ここに多角形があるとして，すべての頂点を通る円は存在するだろうか？　もしそんな円があるなら，それを多角形の外接円と呼ぶ．それは，その多角形を完全に中に入れる円の中で最も小さなものだ．そのような円はひとつしかない．なぜだろう？　それは，同じ三つの点（三角形の頂点）を

通過する円は，同じものだからだ．その円を描くにはどうすればいい？ 円の中心はどこにあるだろう？ 垂直二等分線の交点にある．それはなぜか？ 垂直二等分線は，線分にとって重要な役割を持っている．線分の両端から等距離にあるんだ．その交点は最初の垂直二等分線の上にあり，頂点 A と B から等距離にある．また，第二の垂直二等分線の上にあって，頂点 B と C から等距離にあり，したがって，その点は A と B と C から等距離にあるから，三角形 ABC に外接する円の中心にある．」

——四辺形はみんな外接円を持っているの？

「いいや．正方形と長方形にはあるが，菱形や台形のぜんぶにあるわけではないし，四辺形すべてにあるわけではない．外接円を持つというのは四辺形にとって〈いい〉特徴で，そのような場合をその四辺形は円に内接する，と言う．」

——三角形は 3 ばかりだったけど，四辺形は 4 ばかりになるの？

「いや，そうじゃない．四辺形はたしかに 4 つの角と 4 つの辺を持つが，対角線は 2 本だけだ．さっき，どんな四辺形もふたつの三角形からできていると言った．三角形の内角の和は 180° だから，四辺形の内角の和は 360°，4 直角になる．

　三角形をいくつかの特徴から分類したのと同じ

ように，四辺形も3つの基準から分類してみよう．直角を持っているかいないか，等しい対辺を持っているかいないか，平行な対辺を持っているかいないかの3つだ．

4つの辺が等しいもの：菱形．4つの辺が等しく角がすべて直角なもの：正方形．角が直角で対辺同士が等しいもの：長方形．対辺同士が等しいもの：平行四辺形．一組の対辺同士が平行なもの：台形．

正方形は四辺形のうちで最も単純だ．決定するには辺の長さという情報がひとつあればよい．したがって，辺が2の正方形というだけで形は決定される．長方形にはふたつの情報が必要だ．縦，横の長さだ．2, 3の長方形と言う．平行四辺形に関しては3つの情報が必要になる．両辺の長さと，辺の角度だ.」
——対称（シンメトリー）が重要なのはどうして？
「なぜなら，ある図形が対称なら，一部分を使って完全な図形を作り上げられるからだ．部分だけですべてを手に入れられる．対称は幾何の概念だ．対称な数というのはない．対称の種類にはふたつある．線対称と点対象だ．このふたつの対称には関連がある．もしもある図形が2本の直線に関して対称ならば，その図形は2本の直線の交点に関

して点対称となる．

　二等辺三角形はその高さに関して対称だ．正三角形はその3つの高さに関して対称となり，したがって，高さの交点に関して点対称となる．正方形と菱形は2本の対角線に関して対称だ．最後に，円は，直径のすべてに関して対称で，つまり中心に関して点対称となる．円は対称の王者だ．

　ふたつのチームあるいはふたりの選手が戦うスポーツでは，その競技場が中央線に関して対称となっているのがわかるはずだ．サッカー，ハンドボール，ラグビー，テニス，バレーボール，卓球なんかがそうだね．なぜだろう？　ふたつのチームが同じだけの陣地を持つことができるようになんだね．面積，ゴールやネットの配置などが同じになっている．どちらかが有利にならないようにしている．」

——πって数字はなんの役に立つの？

「数字？」

——わかった，わかった．πという数．

「それは，円とは何ものかを教えてくれる数なんだ．その性質を示しているんだよ．」

——πはいつ発見されたの？

「はるか昔から，どんな大きさであれ，すべての円にはある共通点があることに数学者は気づい

ていた．直径と円周はどうも同じ比率を保っているようだというのだ．この比率は円の大きさとは関わりがなさそうだ．その大きさは，ヘブライ人は聖書の中で 3 と書き，バビロン人は 3 + $\frac{1}{8}$，つまり 3.125，紀元前 16 世紀のエジプト人は $\left(\frac{16}{9}\right)^2 =$ 3.160，紀元前 250 年のアルキメデスは，その比率は 3.1408 から 3.1429 の間にあると考え，紀元が始まってすぐくらいの中国人は 3.162 という数字を出し，3 世紀のインドでは，3.1416 と考えられた．

　円には重要な要素がふたつあって，それは円周と直径だ．

　そのふたつの比率は常に変わらない．円の大きさには左右されない．その比率の大きさが，円の形を特徴付けているんだね．

　丸い円周と，直線の直径の間にあるこの関係は，後に西洋でギリシャ文字の π で表されるようになった．〈周囲の長さ〉という意味の *periphereia* の頭文字をとっている．この関係を見ると，すべての円は同じようなものだということがわかる．世界中に，大きさは別として，円は 1 種類しかないんだ．三角形や長方形とはそこが違う．たとえば，そのふたつは，みんなばらばらだ，すべての三角形や長方形が同じ形をしているわけではない．」

――πの値って，正確にはどれだけなの？

「正確には？ それが問題のすべてなのさ．〈その正確な値はいくつか〉と尋ねるんだね？ じゃあ答えよう．〈πの正確な値は，πだ〉」

ローラは不満そうな顔だ．

「そんな顔をするなよ．正しい答えはそれしかないんだから．」

―― $\frac{22}{7}$ は？

「πが $\frac{22}{7}$ だったら，簡単に $\frac{22}{7}$ と呼んでいたはずで，わざわざギリシャ文字を引っ張り出して大げさなことをする必要はないさ．他の例を挙げるよ．1を3で割った値を知ろうと思ったら，割り算をして答えが 0.333333・・・となるのがわかる．好きなだけ続けてもいいが，絶対に正確な値にはならない．現在では，πの値は小数でも分数でも正確には書き表せないだろうとわかっている．それでも，正確な値に少しずつ近づいてはいる．現在では小数以下1兆2410億位まで計算されている．〈πの値は？〉という質問に対する唯一の答えは〈πの値はπだ〉なんだよ．

ところで，ゆっくり野原を散歩しているとして，まっすぐに行く代わりに，円を描いて進んだとする．どれだけ多く歩くことになるかわかるか

い？ 歩く距離は $\frac{\pi}{2}$ だけ長くなる．だいたい 1.57 倍だね！

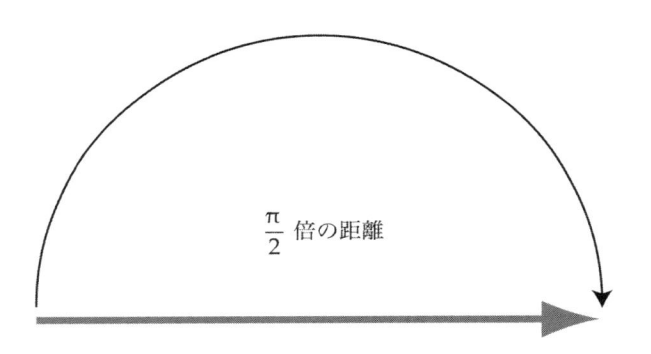

$\frac{\pi}{2}$ 倍の距離

　さっき，数学者は何に興味を持つのかときいていたね．最も大きな質問のひとつで，私たちも日常よく疑問に思うことのひとつは，同じ条件で〈最も小さい〉もの，〈最も大きな〉ものはなにか，ということだ．

　たとえば，ある外周の長さが与えられて，その長さの外周を持つ図形のうちで，その内部が最も広いものは何かと考える．それは円だということが証明されている．円は，同じ外周を持つ図形の中で最大の面積を持つんだ．この知識は非常に役に立つ．1 頭の牝牛と，限られた長さの柵を持っていると仮定しよう．食べられる牧草の量を最大にするには，その柵で丸い囲いを作らなくてはならない．他の図形，正方形，三角形などでは，面積

がそれより狭くなる．正方形の囲いを作ったとしたら，その面積は円の 0.786 倍となり，牝牛からおいしい牧草を 21% も取り上げることになる！」

——ピタゴラスの定理が重要だというのはどうして？

「これはおそらく数学の歴史上でいちばん古い部類の定理になる．メソポタミア人やエジプト人はある 3 つの数の組み合わせが，それぞれの数を平方したものと不思議な関連を持っていることに気づいていた．この関係は，ふたつの数の平方を足すともうひとつの数の平方になるという関係だね．たとえば $(3, 4, 5)$ では，$3^2 + 4^2 = 5^2$ になる．$(5, 12, 13)$, $(6, 8, 10)$, $(8, 15, 17)$, $(12, 16, 20)$ でもそうなる．後に，三角形の三辺にそういう関係があれば，その三角形は直角三角形になるということが証明された．その証明をしたのがピタゴラスで，それ以来，これはピタゴラスの定理と呼ばれるようになった．

この定理は三角形についてのものだ．ひとつの角（直角）についての情報があれば，その辺に関する情報がわかり，その逆も成り立つ．

三角形の三辺が $a^2 + b^2 = c^2$ であれば，またそれが成り立つときだけ，その三角形は直角三角形である．

だから，ふたつの数の平方の和が，もうひとつ

の数の平方に等しい 3 つの数があれば，直角三角形を作ることができる．辺の長さ同士のこの関係を利用して，直角を作り出すことができる．また，辺の長さを計算して出すこともできる．ここに直角があるとして，ふたつの辺の長さを知っていれば，ピタゴラスの定理によって，もうひとつの辺の長さが計算できる．これを利用する状況はよくある．」

4　代数

——なんで未知数 x って言うの？
「x はただまだ知らないもので，だから……」
——それはわかってるの．でも，どうして未知数 inconue と最後に e がついて女性形になっているの？
「わからない．たぶん，女性のほうが秘密の部分が多くて，なぞめいていて，すべてを知るのが難しくて……」
——それに，いつもで問題を引き起こすから，でしょ？
「あら探しかい？」
——まあね．
「それならいいけど．何かの正体を突き止めようとするとき，まずそのものに名前をつけることから始めなくてはならない．名前をつけないと〈とっかかり〉がなくて，探すこともできないだろう．どんな名前をつければいい？　知っている数の名前をつける？　たとえば 8 とか．そんなことはばかげているよね．もしも，最初から，その知らない数は 8 だと決めれば，それはたぶん間違っている．問題は，解こうともしないうちから間違って解かれることになる．

だから，一時的にxと名前をつけることにする．こうしておけば，すべての数字が私の探しているものだという可能性があることになるから，探す場所を狭めなくてすむ．

　この一時的な名前を使って計算をして，未知数の正体を突き止める作業を進めることができる．

　この名前は一時的なもので，正体が突き止められるまでxと呼ばれる．わたしがその正体を突き止めたら，xは仮の名前を捨て，本当の名前を名乗ることになる．

　ミステリの中では，その正体不明の人間を〈犯人〉，〈殺人者〉，〈容疑者〉，ときには〈x氏〉などと呼んだりする．犯人の正体を突き止めれば捜査は終わる．

　もっと大きく見ても，数学の問題を解くのと犯罪捜査や科学研究はよく似ている．手がかり，情報，痕跡，偽の手がかりがあり，前進したと感じたときには興奮があり，行き詰まったときには落ち込む．そして，すべてを明らかにできる一貫性のある枠組みを発見しようとする．それが発見できれば，何がおきているのか，あるいは何がおきたのかを理解でき，証拠を見つけ出すことができる．」

――等式と方程式ってどう違うの？

「そうだな，$\frac{75}{3}=25$ というのは等式で，$\frac{75}{3}-x=0$ というのが方程式だ．$\frac{75}{3}-25$ とか，$\frac{75}{3}-x$ というのは等式でも方程式でもなく，$(x-y)$ も違う．そういうのは単に式としか言えない．

　等式というのは = のある数式で，わかっている数からできている．等式に対しては，ひとつの問いしかたてられない．その式は正しいか，間違っているかという問いだ．$\frac{75}{3}=25$ は正しい．$\frac{12}{7}=\frac{19}{11}$ は間違っている．」

——等式なら正しいんじゃないの？

「違うよ．もう一度定義を見てごらん．等式とは，= で結ばれ，わかっている数でできた数式だ，というんだろ．方程式のほうは，= があり，わかっている数と未知の数からできた数式だ．たとえば，$2\times x+3=7$ なんかがそうだね．方程式は正しいとも間違っているとも言えない．これは制約条件を示しているんだ．この場合，〈x の二倍に 3 を足したら 7 にならなくてはいけない〉という条件だ．等式にも方程式にもふたつの部分がある．右辺と左辺というんだが，わたしは等号の右岸と左岸という言い方が好きだな．」

——パパって詩人だよね．そのふたつの岸の間にはなにが流れているの？

「考えてごらん，ひとつの岸からもうひとつの岸

に項を渡すのはすごいゲームだ．＝は国境線のようなもので，そこを越えるには，一定の手続きをどうしても守らなくてはならない．

　方程式を解くとは，式によって与えられた条件を満たす x の値を決定することだ．そうするには，最初の方程式を解決に近づく方向，つまり，未知数を左辺に切り離す方向に向かって一歩一歩変換していかなくてはならない．つまり，$x = A$ という形にする．A というのは，わかっている数だけからできた数式だ．未知数のさまざまな値が，方程式の解となる．

　では，方程式をどのように変えていけばいいだろう？　重要なことは，方程式の両辺をまったく同じやり方で変えれば，等価の方程式が得られる．これが主要な武器となる．右辺に2を足したら左辺にも2を足す．右辺に2をかけたら左辺にも2をかける．

　未知数を扱うにはどうすればいいか？　普通の数字と同じように，x も足したり引いたりかけたりできる．割り算の場合は注意が必要だ．もしも x で割る場合には，x は0ではないという条件をつけなくてはならない．理由はわかってるね？

　x をひとつだけ左辺に残すために，できるだけ多くのものを右辺に移す．$2x + 3 = 7$．3を消すた

めに、両辺に -3 を足す。$2x+3-3=7-3$。つまり $2x=4$。x をひとつにするために x の係数 2 を消さなくてはならない。そのためには、等式の両辺を 2 で割る。

$\frac{2x}{2}=\frac{4}{2}$。結果は $x=2$。ほらこれで、未知数の正体がわかった。結果を発表する前に、なんと言っても忘れちゃならないことがある。検算だ。間違った結果を提出するというどじをやらなくてすむ。方程式の x を 2 で置き換えて計算して、等式が成り立てば、検算は成功だ。$2\times 2+3=7$。うまくいったね。2 は出された制約にかなう数だった。これが方程式の解だ。」

——代数と算数ってどう違うの？

「算数は正数と分数の勉強だが、代数は方程式の理論を対象とする数学の科目だ。幾何と算数に優れていたギリシャ人は、代数を生み出すことはなかった。この学問は、ティグリス川のほとり、バグダッドで、9 世紀の始めに生まれた。創始者はモハメド・アルクワリズミ、ペルシャの大学者で、『キタブ・アルジャブル・イ・アルムカバラ（突合せに関する論文）』を著した。これは新しい学問の基礎を築くものだった。アルジャブルという言葉から代数 algèbre という言葉ができ、世界の多くで使われている。アルクワリズミという名はラテ

ン語に入ってアルゴリスムスとなり,情報科学で〈問題を解決するための系統的な手法〉を意味するアルゴリズムという言葉となって残っている.

　代数が最初に利用されたのは,この上なく厳格な規定のある複雑な遺産相続の問題に関してだった.方程式を使うことによって,故人の遺言に従って何人かの相続分を決定することができた.」
——代数では,数よりも文字のほうが多いよね.わけがわからなくなっちゃう.変数と助変数ってどこが違うの?
「$2x+3=7$ という方程式はどういう意味? 変数に第1の数をかけた積に第2の数を加えたものは第3の数に等しいと言っている.その3つの数が等しいという理由はどこにもないから,その3つにそれぞれ異なった名前,a,b,c を与えなくてはならない.わたしが決定しなくてはならないのは,その数ではなくて,未知数 x の値だ.次に,この方程式を,特定の数に結びつかない形で書き表してみよう.最初の数 a を変数にかけた積は $a \times x$,それに b と名づけた二番目の数を足すと $(a \times x + b)$,これが c と名づけた三番目の数に等しいのだから,$(a \times x + b) = c$ となる.

　この式は,方程式でもあるけど,この中には数字の値はひとつも表れていない.実際,これは単

なる方程式ではなく，こういう方程式の集まりなんだ．a と b と c は方程式の〈形〉を表す役目を果たしていて，助変数と呼ばれる．これは一般的な一次方程式を書くことを可能にしてくれる．

この a, b, c に数を入れると特定の方程式ができる．たとえば，2, 3, 5 をあてはめれば，方程式 $2x+3=5$ ができる．一般的な方程式，$a \times x + b = c$ を解いてみよう．$a \times x + b = c$, $a \times x = c - b$, $x = \frac{(c-b)}{a}$.

左辺から b をなくすために，両辺に $-b$ を加えたので，$a \times x = c - b$ と書ける．a をなくすためには両辺を a で割ればいい．こうして，求めていた答えが手に入った．$x = \frac{(c-b)}{a}$ だ．それでどうなる，って？ $x = \frac{(c-b)}{a}$ は，あらゆる一次式の解なんだ．

x の代わりに x^2 があったら，二次方程式と言う．方程式の次数は，方程式にある最も高い指数になる．

もうひとつの例だ．変数の 2 乗に第 1 の数をかけた積に，変数に第 2 の数をかけた積を加え，第 3 の数を足したものが第 4 の数に等しいという方程式には，a, b, c, d の四つの数があり，これを使って一般的な二次方程式を書くことができる．$ax^2 + bx + c = d$.

数学者であると同時に哲学者でもあったデカルトは，方程式における文字の使用を一般化した．未知数を表すのにアルファベットの最後のほうから x, y, z の文字を取り，最初のほうから $a, b, c, d \cdots$ を助変数として使ったんだ．」

——アルファベットのない中国の人はどうやっていたの？

「実は知らない．でも，変数がたくさんあるときにインドの偉大な数学者ブラマグプタがどうやっていたかは知っているよ．彼は，方程式にいくつかある未知数を表すのに，色を利用することを思いついた．第 2 の未知数には黒，第 3 の未知数には青，それから黄，白，赤と使っていった．」

——色とりどりの代数！　ランボーは母音で同じようなことをやった詩を書いてなかったっけ？

「そうそう．知ってるの？　言ってごらん．」

——おぼえてないよ．

「〈あ〉は黒で，〈う〉は白．」

——そうそう．〈い〉は赤で〈ゆ〉は緑，〈お〉は青だった．

「おぼえてたね．よく，代数言語ということが言われる．＋も－もない式，たとえば $3xy^2$ のようなものは単語にたとえられる．このような式を単項式と言う．

単項式が + や − でつながったものは文章にたとえられ，多項式と言う．代数言語には記号はほとんど必要ではない．3 つの種類の記号だけだ．わかっている数：2 とか $\frac{3}{4}$ など．文字 $a, b, x, y\cdots$ など数を表すもの．そして記号：=, >, <, それと演算記号 +, ×, −, ÷, 指数：平方，立方，平方根 $\sqrt{}$.

　ああ，重要な記号を忘れるところだった．カッコだ．これは 2 個 1 組になっている．〈(〉と〈)〉だ．これは句読点と同じで，連続したいくつかの項をまとめて，ひとつのものとしてみなすように注意を促す役目をしている．たとえば，$a+b\times c$ と書いたら，それはどういう意味になる？ a に $b\times c$ の積を足すのか，それとも $a+b$ の和に c をかけた積を出したいのか？ この書き方ではあいまいで，どちらとも決定できない．だから，きちんと指示しなくてはならない．数学では，ふたつの意味を持つ表現は許されないんだ．だから，あいまいさをなくすための記号が必要になる．かっこはそのための記号だ．どうやってあいまいさの問題を解決するかというと，a に $b\times c$ の積を足した和のことを言いたいなら，$a+(b\times c)$ と書くし，$a+b$ の和に c をかけた積を出したいのなら，$(a+b)\times c$ と書けばいい．かっこのおかげであい

まいさがなくなるわけだ．」

——なんで方程式ってみんな 0 に等しいの？ 2 とか 3 とか 14 とかじゃなくて．

「最初に言っておくけど，方程式が何かに等しいなどということはない．方程式は方程式だ．それだけのことさ．今の質問は，方程式の右側が 0 になっていることが多いのはなぜかということだね？ $a=b$ となっているどんな等式でも，右側が 0 になるように形を変えることができる．$a=b$, $a-b=b-b=0$．

$a=b$ は $a-b=0$ と同じことなんだ．」

——そうできるってことはわかった．でも，どうしてそうするの？

「たしかに，できるからって必ずそうするわけではないな．そうすることで何かいいことがあるのだろうか？ もう一度 $ax+b=c$ という形の一次方程式を見てみよう．助変数は 3 つだね．これの形を変えてみよう．$ax+b-c=c-c$．だから，$ax+b-c=0$．$(b-c)$ はひとつの数だから，これを助変数 d で置き換える．方程式は $ax+d=0$ となる．右側が 0 で，助変数が 2 個だけだ．これが単純化された一般的な形だ．方程式は前より単純になり，一般化されている．方程式はみんな形を変えて単純にしていくんだね．」

——因数分解しろとか，展開しろとか，代数では次から次と要求されるのよ．

「因数というのは，〈かける数〉のことだ．ある式を因数分解しろと言われたら，和で表されているものを積に変えろということだ．展開しろと言われたらその反対，つまり，積を和に変えることだ．

$$(a+b) \times (a-b) = a^2 - b^2$$

　左から右へいけば，展開の公式で，積を和に変えている．右から左へと行けば，因数分解で，和を積に変える．

　そして，和よりも積のほうがいつも好まれる．どうして積が好まれるのか？ 単純化することができるからだ．たとえば，$a \times b = b^2 + b \times c$ という式を因数分解すると，$a \times b = b \times (b+c)$ となる．これを $a = b+c$ と単純化できる．

　最初の式からは，こんなふうになるとはわからなかった．

　代数をするとは，整理したり，いじりまわしたりすることでもある．式をいじりまわして，それと等価の他の式に変える．問題文や授業で提示された課題についての情報を手にいれるのに都合のいい形にするんだ．

　基本原則は，価値を変えずに形を変えるということだ．価値がいくらかでも変わったら間違いに

なるからね．

　数学でやることは，ばかばかしく見えるようなこともよくある．」

——あ，白状したな．やっとわかったのね．

「得意になる前に，最後まで聞きなさい．A という式があって，それを $A+2-2$ に変えるとする．数学の得意じゃない人はばかげたやり方だと思うだろう．2 をたしておいてすぐに引くなんて，なんの役にも立たないじゃないかってね．ところが，これが役に立つのさ．

　やっていいのは，〈価値〉を変えずに形を変えることだけだ．

　だから，代数でやることの大部分は，A という式から始めて，都合のいい式が手に入るまで，どんどん形を変えていくことなんだ．」

5　点と線

「幾何は難しい問題が多いね．まさか反対はしないと思うが？」

——しないわよ．空間の中で考えるってことがほんとにできないのよね．

「17世紀に，フランスの数学者ルネ・デカルトとピエール・フェルマーのふたりはそれぞれ別々に，幾何の対象を代数の言葉を使って表すことを思いついた．この考え方は数学に大きな変革をもたらした．解析幾何学という新しい学問が誕生した．これは，算数，幾何，三角法，代数と並ぶ学問として，数学の世界をいくらか広げた．この新しい学問のおかげで，幾何学的対象を直接動かす代わりに，代数の式で操作することができるようになり，すごく扱いやすくなった．これも，空間と数，幾何と代数の結びつきを示す例だ．幾何の問題を代数の方法で扱うことによって，代数の計算技法をすべて幾何の問題を解決するのに利用できる．

　前にも言ったように，点は幾何の最も単純な対象だ．どんな幾何の図形も，すべて点から，そして点だけでできている．つまり，わたしがある図

形の〈すべての〉点を知っていれば，その図形を知っていることになる．だから，系統的な方法を使って，点に名前をつけることから始めなくてはならない．そのためには基準点を決めることが必要だ．つまり，与えられるすべての要素の場所を特定し，明確な名前をつける手段が必要となる．

　数学では（ほかのことでもそうだが）必ず，それについて語ることができるように対象に名前をつける．まだわからない対象にまで名前を与えることさえある．たとえば，図上にある点 A，B，C から等距離にある点を G とする，といったぐあいだ．その点がわからなければ質問はふたつだ．そのような点は存在するか？　そして，存在するとわかったら，どうやってそれを見つけるか？　このふたつの質問に答えない限り，点 G は未知の点だが，それでも名前をつけて，それについて話せるようにするんだ．

　だから，すでにわかっている他の対象との関係で位置を定めると役に立つことが多い．日常生活でも，これこれの通り，これこれの記念碑のそばというふうに場所を教えるだろう？　幾何でも同じだ．垂線の足 H とか，直線 D と D' の交点 K とか．

　デカルトとフェルマーの出発点もここだった．

〈幾何の〉点に〈数の〉名前を結び付けようとしたんだ！

すごいアイデアだよね．うまくいけば，代数の考え方や計算法をぜんぶ利用できるんだから．つまり，それまでの幾何とは違って，非常に系統的で，直感に頼らなくてもいいやり方を利用できる．効果をあげるために考え方の枠組みを変えようとする，すばらしい．

幾何で，点に名前を与えるとは，位置を決めるということだ．何かの位置を決めるには，基準がなくてはならない．

すべての点に，その点が占めている場所の名前をつけることにする．

たとえば，〈南高速のリヨンから30のところにいる〉と言うとしたら，まったく不十分だ．30なに？ メートル？ キロメートル？ そしてどっちの方向に？ パリ寄り？ それともマルセイユ寄り？ 反対に，出発点（リヨン），方向（マルセイユ），単位（キロメートル）をはっきり言えば，もうあいまいさはなくなる．たとえ高速道路が幾何学的な直線ではなくても，自分がどこにいるかちゃんとわかる．

同じ理由で，ある直線上にある点があるとしたら，あいまいさをなくすためには，出発点となる

原点 O, 方向（直線の傾き），長さの単位がわからなくてはならない．点 M の数値的な名前は，線分 $x = [OM]$ の代数的な値となる．

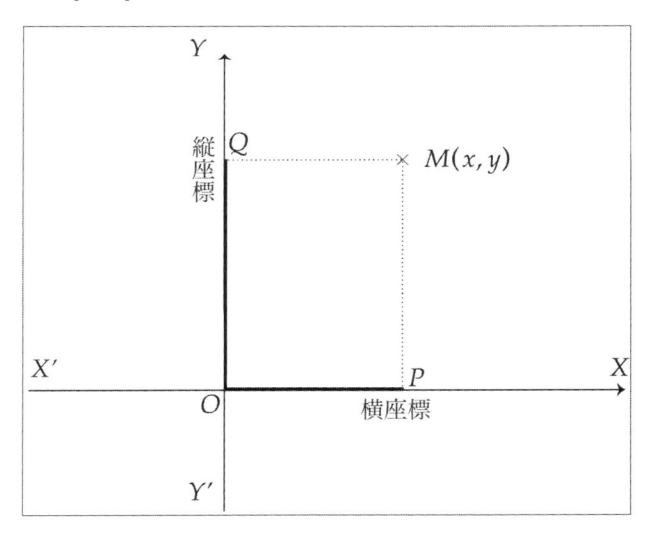

　もし直線上にあるとしたら，その点はひとつの数によって表される．平面上ならふたつの数，空間では3つの数によって表される．理由は？　直線は1次元で，平面は2次元，空間は3次元だからだ．

　平面では，O で交わる XX' と YY' のふたつの軸によって基準が定められる．O が座標の原点となる．さらに，それぞれの軸上に，距離の単位を定める．

ふたつの軸が直行している場合，直交座標という．さらに，単位が同じ長さなら，正規直交座標という．

　点 M をふたつの軸それぞれに投影すると，OP, OQ というふたつの線分が得られる．その代数的な値であるふたつの数字 x, y が点 M の座標で，x は横座標，y は縦座標だ．M はふたつの数の組み合わせ (x, y) によって名づけられる．数学者は，平面上の一点を，一組の数字と考えることが多い．デカルトに敬意を表して，座標はデカルト座標と呼ばれる．

　別の方法で位置を決めることもできるだろう．たとえば，出発点を O とするひとつの軸を決め，点 M を O からの距離 d と，ベクトル OX, OM の角度 ϑ によって決定する．そういう座標を極座標と言う．それでも，ふたつの数字が必要だということがわかる．直交座標では x と y，極座標では d と ϑ だ．」

——地図と同じね．緯度と経度．経度は横座標で緯度は縦座標．座標の軸はグリニッチの子午線で，横軸は赤道になってる．

「唯一の違いは，平面と地図は平らだけど，地図が表していることになっている地球のほうは，どちらかというと球体にちかいということだ．だから

地図では，地球上の距離を示すのにキロメートルを使わず，経度については360°，緯度については180°と角度を利用しているんだ.」
——また垂直とか平面とか曲線の話！
「そうだよ．これは数学では大きな問題なんだ．

　こうした位置決めの仕組みは，主に関数を表すのに役立つ．日常生活でよく出会う表現に，〈〜につれて〉，〈〜しだいで〉，〈〜と連動して〉というものがある．いくつかの現象を調べていると，ひとつの現象の変化が他の現象の変化を引き起こしているようだと気がつくことがある．速度と距離，重さと大きさ，野菜の値段と重さ，など．もちろん，わたしたちは，そのふたつの現象を結び付けている絆をもっと正確に知ろうとする．数学的な式で表されるのではないかと期待してね．

　17世紀の末，ライプニッツはある本の中に〈xはyの関数である（xはyによって決まる）〉と書いた．この言葉が残り，20年後，ジャン・ベルヌイイが$f(x)$という記号を利用した．〈変数xの関数〉という意味だ．この記号が残った．ここでまた新しい数学的存在が誕生した．関数だ．関数についての学問は数学の重要な部分となっている．関数の学問は，他の学問，とくに物理学や天文学に応用したときに非常に役に立っている．

たとえば電気の問題で，電気回路において，電圧 V と電流 I とを結ぶ関係は，$V = R \times I$ で表される．R は電気抵抗を表す．

　関数 $f(x) = 2x+5$ がある．これを，入り口と出口のある機械とみなすことができる．入り口に 1 を入れると，機械がごとごとと動いて 1 に 2 をかけ，5 を加えて $y = 7$ という結果を吐き出す．関数のこの機能を要約する書き方がある．$(1, 7)$ とひと組の数字を書くと，最初の数は入っていった数で，第 2 の数は出てきた数だ．これは，関数という機械がやり遂げた仕事を表している．

　これを 0, -1, $\frac{1}{2}$ という数で続けてみよう．この数を入れると，$(0, 5)$, $(-1, 3)$, $(\frac{1}{2}, 6)$ という組み合わせが得られる．これは，平面上の点の名前だとみなすこともできる．別の言い方をすれば，$[2x+5]$ という機械は，縦座標が横座標の 2 倍に 5 を足した平面上のすべての点を作り出しているんだ．その点はすべてある直線の上にあり，当然ながらその直線は $y = 2x+5$ の直線と呼ばれることになる．その上，横座標の 2 倍に 5 を足した縦座標を持つすべての点はこの直線の上にあることも断言できるんだ．

　関数，曲線，方程式，この 3 つは結び付けて語られることが非常に多い．曲線の方程式とか，あ

る関数を示す曲線，といったように．

　関数は，幾何学的な形として見ることができるんだ．

　それが，グラフ表示の役割だ．関数に〈姿〉を与えるんだね．

　曲線の方程式は，曲線のどこでも好きな1点に名前を与えることができるんだ．そのすべてが方程式の条件を満たしている．」

——方程式の条件を満たすってどういうこと？

「点 $A(1,7)$ は方程式 $f(x) = y = 2x+5$ を満たしている．なぜなら，x を1で，y を7で置き換えると等式が成立するからだ．$2 \times 1 + 5 = 7$．A は関数 $f(x) = 2x+5$ を表す曲線上にある．

　くどいかな？」

——繰り返してるな，とは思うけど．同じことをいろいろ違った言い方で言ってるのよね．

「もっと言うと，方程式がわかれば，曲線の幾何学的特徴がぜんぶわかるんだよ．ある曲線を見て最初に気がつくことは何だろう？ 1) 最も高い地点，増加が終わって減少が始まる点（最大値）と，最も低い地点，減少が終わって増加が始まる点（最小値）2) 変曲点，曲率が上に開いたカーブから下に開いたカーブに変わるところ．そして他の多くのこと，たとえば接線とか，XX' 軸や YY' 軸との

交点などにも気づく．それにまた，いくつかの直線を他の直線との関係で位置づけすることもできる．たとえば，平行だとか，交差するとか．

　一定の場合には，方程式を一目見ただけで，曲線の形がわかることがある．たとえば，あらゆる一次関数 $f(x) = ax + b$ は直線で示され，二次関数 $y = ax^2 + bx + c$（a, b, c は数で，$a \neq 0$）は双曲線で示される．ここで $a \neq 0$ と規定したのは，もし $a = 0$ だったら，関数は $y = bx + c$ となってしまい，たった今見たように，この形は直線で表されるからだ．

　その直線や双曲線を得るにはどうすればいいか？　通常は一続きの線を引いて描くが，実はそのようにして形作られるのではない．実際は 1 点ずつ作られているんだ．入り口にひとつの数を入れ，出口からもうひとつの数が出てくる．ふたつの数，だから点がひとつできる．ちょうどテレビの映像が〈描かれて〉いるのではなく，たくさんの点の組み合わせによってできているのと同じだ．絵よりもむしろ刺繍のほうに近い．そこに描かれたものが，その関数のグラフとなる．」

——グラフを作るのにどれくらいの数の点が必要なの？

「入り口から入る数と同じだけだよ．」

——そう．だけど，入り口からはどれだけの数が入るの？

「いい質問だ．そこをはっきりさせる必要がある．入り口から入れられる数がどれだけあるかは，関数の定義に表れていなくてはならない．それを定義域と言う．

同じ方程式を持っていても，定義域が違う関数は異なった関数なんだ．例を挙げるよ．関数 $f(x) = 2x + 5$ の定義域が 0 で，関数 $g(x) = 2x + 5$ の定義域がすべての数だとすると，ふたつは異なった関数だ．$f(x)$ のグラフは点 $(0,5)$ という一点だけになるし，$g(x)$ のグラフは直線になる！まったく違うよね．」

6　問題

——授業はわかるのに，問題がどうしても解けないことが多いの．

「反対に，授業がわからないのに問題は解けるということはある？」

——うーん……

「うーんってのは，ないってこと？」

——そう．

「問題というのは授業の応用なんだ．そのとき学んでいる分野に必ず結びついている．ただ，年度末の問題なら1年間やった授業のぜんぶに関係してくるけどね．先生が問題を出すのは何のためだろう？ひとつには，生徒が授業を理解したかどうかを確認するためで，もうひとつは，生徒の応用力を見るためだ．」

——先生は問題をどこで見つけてくるの？

「先生向けの本があるんだ．だけど，授業に応じて自分で作ることが多いよ．授業で教えたことだけで解けるように作るんだ．つまり，原則として，生徒は問題を解くための手段をみんな持っているということになる．

道具箱は渡されたんだから，それを活用するのは生徒の仕事だ．

　ほとんどの問題は同じ型に基づいて作られている．状況を説明する文章から始まる．〈前提条件〉だね．それは大まかな絵を描き，いくつかのことを示す．1）今いる場所はどこか．〈物語〉は数学のどの分野でおきているのか．2）なにが登場するのか．直角三角形，分数など．それに登場するもの同士の関係．

　問題の最後には，決まった順序で質問が並べられている．説明の用語は，質問を解決するのに必要となる情報を提供できるように，厳密に選ばれている．それぞれの情報を見たら，こう考えるといい．どうして先生はこの情報を与えているんだろう，何を言いたいのかな？　先生の伝えたいメッセージは何だろう？　そういうメッセージを読み取ることが問題を解決するときの重要な仕事となる．一般的に言って，必要以上の情報は与えないことになっている．それはつまり，問題を解くには与えられた情報をすべて利用しなくてはならないということだ．そしてもしも，万一情報をまったく使わずに完全に問題を解くことができたとしたら，それはきみが天才なのか，間違っているかのどちらかだ．

〈二等辺三角形 ABC がある〉で始まる問題がある．これを書いたとき，先生はあるメッセージを送った．すぐに読み取れるね．二等辺三角形，すなわち二辺が等しく，ふたつの角が等しい．最初からふたつの等式が手に入っているわけだ．急いでそれを知っていることのリストにしておこう．先生が〈頂点 A の二等辺三角形〉と付け加えていれば，等しいのは辺 AB と AC，角 B と角 C だということがわかる．それだけじゃなく，高さ AH は内角二等分線であり，中線であり，垂直二等分線でもある．さらに，AH は三角形の対称軸ともなっている．こうした情報をリストに付け加える．これが問題解決のための貯金となる．

　で，質問についてだが，これは情報に応じて出され，質問の順序にも理由がある．ある質問に答えるには，その前の質問に対する答えを利用する必要がある場合が多い．でも，ときには他の質問とまったく関係のない質問もあって，それは前の質問の答えがわからなくても答えられる．

　解答にはどうやって取り掛かればいいか？　問われていることと，自分の知識を照らし合わせることだ．そして知識を解答のほうに移そうと努力する．わたしの知っていることで，どうやれば質問に答えられるだろうか，と考えるんだ．

それに，ときには質問に含まれている言葉を数学の文章に翻訳する必要も出てくるだろう．つまり，対象の名前をその定義と置き換えるんだ．

　この1年とは限らず，それまでの授業で習った定理はみんな利用できる！ でも，もちろん，定理と言ったってぜんぶがぜんぶ目の前の問題に使えるとは限らない．どれが使えるかを見つけ出さなくてはならない．〈適用できる〉定理を見つけるのが最初の仕事だ．適用するとはどういうことだろう？ 辞書には，〈あるものを別のものの上にぴったりと覆い隠すように置くこと〉とある．

　機械の部品がふたつあることを想像してみるといい．ひとつを手に入れて，それと完全にぴったりと合うものを見つけなくてはならない．そうして見つけた定理がぴったりと合うことを証明するのは次の仕事になる．見つけたら，それを適用する．あとは定理が仕事をしてくれる．定理の結論はもう得られているんだ．それをリストに書き加えることができる．

　前提条件が物語のように普通の言葉で書かれているときには，最初にそれが何を語っているかを理解しなくてはならない．そうなって初めて，その物語を数学の言語で記述する作業が始められる．これはかなり神経を使う作業だ．いちばん難

しい部分だといってもいい．なぜかというと，この作業に公式はないからだ．

　方程式，数字，数，等式，不等式，関数といった数学の言語に書き表すことが，数学の世界に入り込む唯一の出発点なんだ．

　実際は，翌年の授業で習う予定の内容を含む問題も多い．今の力では難しすぎる定理を証明させようとする．でも，それをいくつかの質問に分けて出していく．質問のひとつひとつが，高いところまで上っていくためのステップになるんだ．」
——階段ってことね．
「そのとおり．数学の問題は，ひと足飛びに結論に達する代わりに，高いところに上りやすくする階段みたいにできているんだ．1段ずつ上っていくんだよ．そのときに，前の年までに習ったことだって役に立つ．生徒は前の年に習ったことをみんな知っていると想定されているんだ．」
——悪い問題ってあるの？
「数学で，いい問題とはどういうもの？　問題はぜんぶいい問題だよ．いい仮説はある．いい質問もある．仮説の中には〈不毛な〉仮説というものがあって，その土地には，何も面白いものが育たない．生えてくるのは雑草ばかりだ．

　数学者の才能の中に，よい仮説を嗅ぎ取る能力

がある．優れた料理人は，おいしい料理を作るにはどんな材料，どんな肉，どんな野菜，どんな香料を組み合わせればいいかを感じ取ることができるが，それと同じだ．」

──そんなに詳しいんだから，もっとしょっちゅう料理してくれればいいのに．

「話を戻そう．あるものについて考えるとき，それのさまざまな特性について知っているのも大事だが，さまざまな形で知っていることも役に立つ．」

──どういうこと？〈さまざまな形で知っている〉って．

「直線は，幾何学で言えばそれは線だ．ふたつの点によって定義され，平行ではないふたつの平面の交差によって定義され，他の特性によって定義される．代数的には，方程式 $y = ax + b$ によって定義される．この両方を知っていれば，考え方の枠組みを変えることもできる．たとえば，幾何の問題の中には，代数の形にしたほうが簡単に解ける問題もあるんだ．自分でいろいろな形を探してみると面白いよ．」

──特性というのは切り札なの？

「そうだよ．数学者にとっても，生徒にとっても切り札だ．特性というのは情報なんだ．対象が一般的であればあるほど，特性の数も少なく，情報

も少なくなり，その結果〈手がかり〉が少なくなる．漠然としたものを相手にするのは難しい．発展させる土台が小さいからだ．だから，問題や定理では対象にいろんな特性を与えるのさ．一般的な三角形についての問題を作るのではなく，たとえば，直角三角形のことだというふうに明確にしている．一般的な三角形についてより，直角三角形についてという方がたくさんのことが言える．すべての三角形について正しいことは，直角三角形についても正しい．逆のことは言えない．

　第1問にとりかかる前に，問題文全体を読んだほうがいい．出題者がどこに連れて行こうとしているのかを見るためだ．すぐにぜんぶを理解する必要はない．だが，問題解決の助けになるし，何かヒントが得られるかもしれない．それに，いくつかの質問は，その前の質問の意味を明確にしてくれることがある．」

7　論証

——論証ってなに？
「仮説という出発点から結論である到着点までの道筋のことだ．

　証明は，〈論拠〉を並べて道筋を作り，結論へと向かう．それぞれの論拠は前の論拠の結果であり，次の論拠を導き出す．数学の授業は論拠や結果，定理の宝庫で，出された問題を解くために，そこから好きなだけ引き出すことができるよ．だからこそ，授業をちゃんと理解する必要があるんだ．」
——どうして論証がそんなに大事なの？　そいつを厄介払い……それなしですますことはできないの？
「できないね．これは数学の持っている証明の方法なんだ．何かを断定すると，それが真実だとか虚偽だとかを保証する手段，つまり，証拠を確立する手段を持つ必要が出てくる．証明とは，筋の通った説得力のある論拠のことだ．証明の問題は，いつの時代にも，人類にとって重要な問題だった．そして，証明の方法は分野によって異なっている．医学における証明は，法律において要求さ

れる証明とは性質が違う.

　数学では，個別のものについての真実を論証するのではなく，同類のもの全体（ほとんどは無限にある）についての真実を論証することが多い．もちろん，数値を入れた例で有効性を確かめることで証明できると考えたくなる．しかし，数値を入れた状況はそれぞれその場合だけのもので，一般化することはできない．数値的な例や幾何の図形を描いたものは，解決のアイデアをくれることがあるし，論証を組み立てる助けにはなる．でも，それがそのまま有効な証拠とみなされることはない．それでも，数値的な例で結果を出せることがある．それは否定的な結果なんだ．ある特性が，特定の場合に証明できないのなら，一般的にも証明できないことになる．これを反例といい，個別の例を一般化できる唯一の場合にあたる．

　個別の例を利用して，求めている一般的な結果を得ることはできないし，だからといって，得ようとしている結果に関連するものは無限にあるのだから，ひとつひとつ調べていくこともできない.」
——じゃあ，どうするの？
「どうするかって？　すべてに共通する点だけに注目して，対象の一般的な性質を考慮に入れることのできる新しい道具を考え出さなくてはならな

い．その道具が証明なんだよ．ギリシャの哲学者が考え出したもののうちでいちばんすばらしいものじゃないかな．

紀元前5世紀に，ギリシャ人は西洋で初めて民主主義という政治のやり方を発明した．民主主義（デモクラシー）のデモスというのは〈人びと〉のことだ．人びとによる政府．統治する権利は王様，軍の指導者，宗教的指導者，神様から出てくるのではなくて，市民から出てくるのだということだね．社会のさまざまな分野で，新しいやり方が作られた．法の分野では，裁判のときに，被疑者の有罪あるいは無罪の証拠，できれば反論の余地のない証拠を提出し，事実を確証し論証しなくてはならない．

政治の分野では，権力を行使したいと望む人びとは市民の議会を前に，自分には適性があることを説得して，都市国家を率いるのに自分が最も優れていることを証明しなくてはならない．原則として，専制政治はこれで終わったことになる．〈これは真実だ，わたしが言っているのだから〉という権威の言葉はこれでおしまいだ．

同じ時代に，同じような現象が数学を大きく変えた．何かを主張するなら証拠を提出し，正当化しなくてはならない．ひとことで言えば，証明し

なくちゃならない．こういうことを発見したというだけではもう十分ではなくて，どうしてそれが真実なのかを他の人たちに説明しなくてはならないんだ．ギリシャの数学がバビロンやエジプトや中国の数学と違っているのは，主にその点だ．ギリシャの数学はこれのおかげで大きな力を持った．わたしたちが学校や大学で学ぶ数学，世界中の数学者がやっている数学は，古代ギリシャ人が考え出した数学の直接の子孫なんだよ．要するに，証明とは，数学特有の証拠のことなんだ．」
——それより前にはどうやっていたの？
「どうやって得られたのかは何も言わずに，こういう結果になったということだけを言っていたんだ．」
——それじゃ，数学ってぜんぜん別の様子をしてたんでしょうね？
「ああ，そうだね．たとえば，中国の数学は非常に進んでいたんだが，定理は持っていなかった．まったく違う形で動いていたんだ．」
——定理ってずっと昔からあったんじゃないの？
「そんなことはないよ．ギリシャの数学者たちがやり方を変えたときに，定理というものを生み出したんだ．数学的に証明済みの命題だね．定理はふたつの部分からできている．最初に仮定が

あり，前提条件を明らかにする．そして結論で終わる．数学者は定理を手に入れようとするものだし，これはまた証明のときに利用される．定理 theoreme というこの言葉がどこから来たかわかるかな？ もとになっているのは *theorein* というギリシャ語で，〈瞑想〉という意味だ．」

——数学者が，月の上にでもいるみたいって言われるのはそのせい？

「答えて欲しいの？」

——ううん．

「それはありがとう．定理の言っていることをどう理解すればいいのか？ 定理は，もしも仮定が正しければ，結論は正しいと言っているんだ．ここは繰り返しておこう．定理は，結論が正しいと言っているのではない．もしも仮定が正しいなら結論は正しいといっているんだ．だから，定理の中では，結論だけが正しいのではなくて，仮定・結論の組み合わせが正しいんだ．どっちみち，どこでも正しいものなんてないのさ．」

——だって，$2+2=4$ というのは？

「$2+2=4$ だってそうだ．たとえば，三進法だったら $2+2=4$ とは書けないよ．まず，三進法に 4 はないからね．三進法では 0，1，2 の 3 つの数字しか使わない．二進法では 2 個，十進法では 10 個

の数字を使うのと一緒だ．三進法では，2＋2＝11になるんだぞ．2＋2＝1×3＋1だから，11になる．よくわからない？ 十進法では11という数字はどんな数を表しているだろう？ 10個の組がひとつ，それに1だ．三進法では，11は〈3個の組〉がひとつ，それに1，つまり3＋1を11という数字で表しているんだ．」

　　ローラはまだぽかんとしている．そしてようやくこう言った，

——2＋2がもう4じゃないんなら，もうなにもかもおしまいじゃない．
「どこでも正しいものはないからといって，すべてのものがどこでも間違っているわけではない．定理には必ず証明がついている．つまり，それが正しいという証拠がついているんだ．証明書のようなものだね．数学では，どこでも正しいというものはないとしても，正しいものは正しいんだよ．

　定理は証明されたときから公のものとなり，数学世界共通の遺産となる．そうなると誰でもそれを利用できる．数学には保証期間なんてものはない．数学の真実は変質しない．時がたつにつれて切れ味が鈍くなるなどということはないんだ．定理が示されたときには，永久保証つきの証明書が

付いている．こんな保証をつけられるのは数学のほかにはない．」
——ええ，でもー，そんなこと言われたってぜんぜん安心できないんですけど．永久に真実だ，ってどういうことかわかる？ なんか落ち込んじゃうよ．なにをやったって数学の真実ってやつは変えられない，ってことでしょ？

　　ふたりとも黙り込んでしまった．レイは，未来を持った若い女性がこんな言い方を聞いたらどう感じるものなのか，ようやく理解した．レイは，数学は，ゲオルク・カントールという偉大な数学者が言ったように，自由の国でもあると伝えようとした．カントールは，数学の本質は自由であると言ったのだ．数学の真実の前にひれ伏す必要はなくて，その真実はどのように生まれてきたのか，それを正当化する証拠，数学の真実は他の分野の真実とどのように一体化しているのかといったことを探せばいいのだと言ってやりたかった．それに，よりどころとなる明確な，不変の命題があるのも悪くはないと思っていることも言ってやりたかった．
そう，安心して寄りかかれるもの．
最後の部分が言葉になって出ると，ローラがそれにとびついた．

——安心して寄りかかるなんて,そんなことできないよ.定理のせいで大変な目にあってる.どうして暗記しなくちゃならないの?

「暗記する必要はないけど,心の底から理解する必要はあるね.深い意味を理解するんだ.定理は仕事を完成させてくれる.ひとつの命題から別の命題へと移るのを助けてくれるんだ.定理が言っているのは,もしわたしがこれこれのもの(仮定)を手に入れれば,わたしは確実にこれこれのもの(結論)を手に入れられる.

　だが,気をつけなくてはいけないよ.心の底から理解するということは,1語1語すべてを知っていなくてはならないということだ.命題のすべての言葉が必要とされている.ひとつ抜かしたり,変えたりすれば間違いになる.定理は定理じゃなくなるんだ.」

——いま,〈定理は間違いになる〉って言わないで〈定理じゃなくなる〉って言ったね.どうして?

「定理というのは正しい命題のことだから,〈正しい命題は間違いだ〉という言い方は変だよね.もちろん,数学の歴史上には,あとになって間違いだとわかった定理があるけどね.」

——だって,証明されてたはずでしょ?

「そうなんだ.でも,その証明が間違っていたの

さ！　めったにないことだが，数学者が仮定の中である特性について述べておくのを忘れ，その特性を利用したのだけれど，その部分は証明されなかったときなどに，そのようなことが起きる．間違ったんだ．定理が出来上がるときには，責任の所在がふたつある．提案した人の責任もあるが，それを受け入れる数学者の集まりも，その定理の正しさに責任があるんだ．ある定理が〈世に出る〉には，大学の論文審査委員会や専門誌の審査委員会の承認が必要だ．

　ピタゴラスの定理を例にとろう．エジプト人は，3，4，5 の辺を持つ三角形が直角三角形だということを知っていたようだ．ピタゴラスの定理はそれを確証している．たしかに $3^2 + 4^2 = 5^2$ だが，ピタゴラスの定理というのは $(3, 4, 5)$ の三角形についての知識とは次元が違う．定理は，直角三角形で，斜辺の二乗は他の二辺の二乗の和に等しい，と述べている．これは $(3, 4, 5)$ の三角形だけではなく，すべての直角三角形において正しい．もっと厳密にするとしたら，わかりきっているとは思うが，これは平面上の三角形の場合にしか当てはまらないということを付け加えるべきかもしれない．たとえば，球面上の三角形においては正しくならないからだ．

要約すれば，ひとつの例で証明がうまくいっても，すべての場合でうまくいくとはいえない．反対に，うまくいかない場合がひとつでもあれば，一般的な場合にはうまくいかない．証明するときには，ここを間違うことがいちばん多いんだ．」
——ほかに生徒の間違いで多いのはどんなもの？
「間違い erreur の語源を知っているかい？ ラテン語の *error*,〈あちこちさまよう〉，迷子になったという言葉から来ている．間違いをすると，証明の〈真実への道〉からそれて，迷子になってしまうんだよ．
　間違いは多いし，その性質もさまざまだ．式の書き方に関連する間違いがある．また，分野に関係なく，論証に関連する間違いがある．論理の誤りというものだ．」
——結局のところ，論理ってなんなの？
「考え方の規則を研究する学問のことだね．」
——考えってみんな論理的なものなの？ じゃあ，詩は論理的？
「やられたな．訂正する．こう言えばよかったんだな，論理とは，理性的な思考の領域である．アテナイの偉大な哲学者アリストテレスが基礎を作った．もともとは哲学の1部分だったのだが，今では数学の1分野になっている．論理的な思考

の究極の法則は，矛盾律というものだ．命題とその反対は同時に真であることはできないというきまりだ．〈○○であって○○でない〉と言うことはできない．

　たとえば，ふたつの直線が交わり，それと同時に平行であることはできないし，奇数を2で割り切ることもできない．第2の法則は，排中律というものだ．つまり，ある命題は真か偽のどちらかなんだ．第3の可能性はない．命題Aとその反対〈非A〉のうちどちらかが正しい．もしも〈非A〉が正しければAは正しくない．このことから，命題Aを証明するには常にふたつの方法があることがわかる．直接的な方法は，Aが正しいと証明することで，間接的な方法は，〈非A〉が正しくないと証明することだ．状況に応じてどちらかを選ぶことができる．時には，間接的な方法でしか解けないような問題設定になっている場合もある．」

——論理学って高校で習うの？

「そうだ．でも，3年になってからだよ．もっと早くからやらないのは残念なことだ．他の哲学と同じように2年生から教えればいいのに．」

——数学と哲学って関係があるんだね．でも，授業ではそんなことわからないよ．

「そうなんだ，哲学と数学はもともと密接な関係

があった．偉大な数学者で哲学者だった人は多いし，偉大な哲学者で数学者だった人も多い．前にも言ったが，デカルト，ライプニッツ，ピタゴラスなんかがそうだ．授業でそのことを習わないというなら，それはカリキュラムが悪いんだ．カリキュラムの話なんて聞きたくないだろ？」

——聞きたい．

「学校では，基本的な概念にあまり時間をかけていない．それを理解させるには，もっと時間をかける必要があるし，力を注ぐべきなんだが．それを理解しない限り，前に進むことはできないんだ．そのうえ，そこは数学ではいちばん面白い部分なんだよ．」

——その基本的な概念ってどんなものなの？

「これまでほとんどそればっかり話してきたじゃないか．考えだよ．意味だよ．数学言語，論証，証明，公理，等号，内含．

　でも，まだ内含については話していなかったね．聞きたい？」

——死ぬほど聞きたい．

「どうしたんだい？ 急に．すごく嬉しいけど．」

——パパが料理に詳しいって知ったときのわたしほどじゃないでしょ．

「それじゃあ，内含の料理をアルデンテで味わっ

てもらおうかな．

　論理学者は〈内含する〉という動詞を作り出し，それを表す記号も作った．⇒〈内含する〉だ．この記号は，数や幾何図形には使われない．これが使われるのは命題に関してだけで，命題の真偽の価値だけを問題にしている．だからこの記号は，論理記号として分類されている．

　〈もし P であれば Q である〉という意味で〈$P \Rightarrow Q$〉と書くと，P が真であれば必然的に Q が真となるということを伝えているんだ．Q は論理的な証明によって P から導き出されるということだな．

　内含と等価というのは，数学においては最も重要な概念だし，最も重要な言葉だろう．このふたつは，すべての論証を組み立て，導き出すのに欠かすことのできないものだ．だからこそ，この記号，⇒ や ＝ は数学のすべての分野で使われているんだ．反対に，＋ とか ‖ は特定の分野でしか使われない．」

——これでアルデンテ？ この ⇒ は固すぎて飲み込むのが難しいよ．

「$P \Rightarrow Q$．ふたつの命題があって，それぞれが真かもしれないし偽かもしれない．だから，可能性は4つある．」

——4つ？　真が偽を内含するってことがあるの？

「あるさ．それと同じくらい不思議に見えるのが，偽も偽ではなく真を内含する場合があるということだ．$1=3$ からスタートする．これはもちろん偽だ．等号の両辺に 2 を加える．すると $1+2=3+2$，つまり $3=5$ が得られる．これは偽だ．偽が偽を内含している．だけど，$1=3$ という式に，左辺に 1 を右辺に 3 を加えることができる．すると $1+3=3+1$ となって，これは真だ．偽が真を内含する．」

——今日はなんて一日なんだろう！　偽が真をかくしているし，$2+2$ は 4 じゃないなんて！

「常に 4 とはならない，だね．唯一除外される場合がある．真が偽を内含するというものだ．真実から出発して正しい論理の筋道をたどって，偽という結果にいたるということは受け入れられないんだ．もしそんなことになったら，すべてが崩れ落ちてしまうからね．ギリシャの哲学者たちは，〈真から偽は生まれない〉と言った．論証の基礎と，論証への信頼はひとつの原則を根拠としている．もし真実の中にいて，正しく論証すれば，真実の中にとどまっている，という原則だよ．偽の中におっこちてしまうおそれはない．その保証がなければどうやって論証すればいい？　数学者の

活動の大半は，真である命題を選ぶことと，そこから真である別の命題を推論することなんだ．だから，真である命題の倉庫は大きくなる一方だ．」
——実際の生活でもそうだと思う？
「その話には踏み込まないことにするよ．」
——推論する deduire ってどういうこと？
「ラテン語で *deducere*，引っ張り出す，取り出すという意味だ．」

> ローラは手を叩いて喜んだ．

——きっと語源を持ち出すと思ってたんだ！　でも，そのイメージいいね．

> ローラは黙って何か考え込んでいる．レイはじっと待っていた．

——そうか，推論するって，取り出すってことなのね．ある文章からひとつの文章を取り出す．誕生させるんだわ．

> そしてすばらしい笑顔を見せて言った．

——ローラ，数学の助産師……
「おいおい，ローラ，どこにいるんだい？」
——これって，必要条件とか十分条件というのと関係あるの？

「ああ，帰ってきたな．日常生活でよく使われる表現に〈〜するのに十分〉とか，〈〜する必要がある〉というものがある．〈雪が降るには寒くなる必要がある〉という文章はどういう意味？」

——寒さがなければ雪は降らない．

「でも，〈寒い，だから雪が降る〉とはならないよね．」

——寒いけど雪が降らないことはあるよ．

「〈夜が明けるには太陽が照っているだけで十分だ〉と言ったら？」

——太陽が照っていたら夜が明けていると確実にわかるということでしょ．

「でも，〈夜が明けたら太陽が照る〉ということではない．」

——そうだね．夜が明けていても，太陽が雲に隠れていたりするもの．

「なかなかいいコンビじゃないか．ローラ，すばらしいよ．QとPというふたつの断定命題がある．」

——断定命題と命題ってどう違うの？

「命題というのは，きちんと書かれた文章のことだ．だから意味があるが，表現している内容が真であるかどうかについては何も言っていない．ところが，断定命題は，真であるとして提示された命題のことだ．

だからQとPは真であると断定された命題だ．QはPの必要条件となっている．だから，Pが真であればQも必ず真になる．例を挙げよう．Q〈Dは平行四辺形である〉はP〈Dは菱形である〉の必要条件だ．これを〈Dは菱形である〉⇒〈Dは平行四辺形である〉と書く．これはそう簡単ではないよ．」

——どんな菱形も……〈すでに〉って言いたいんだけど……

「いいよ．言って．」

——……すでに平行四辺形でない菱形は存在しない．反対に，菱形でない平行四辺形は存在する．

「条件は十分ではないんだ．ここからうまいこと次の段階に移る．PはQの十分条件だ．Qが真であるためにはPが真であればいいということだね．P〈Dは正方形である〉というのはQ〈Dは平行四辺形である〉という命題の十分条件だ．

——平行四辺形であるためには正方形であれば十分だ．別の言い方をすれば，すべての正方形は平行四辺形であるってことね．でも，それは必要条件ではない．なんでかというと，Dが長方形であってもそれは真になるから．

　で，こう書く．〈Dは正方形である〉⇒〈Dは平行四辺形である〉．つぎに，きみたちが，なんと言ったっ

け，なくてはならないものを「これは〈マスト〉でしょう」なんて言い方をしてるよね．その〈マスト〉というのは，必要条件で，しかも十分条件だ．数学者はこういうのが好きだ．まず，記号は ⇔ となる．$P \Leftrightarrow Q$ とはどういうことを言っているのだろう？ もしも P が真なら Q は真で，Q が真なら P も真だ．つまり，Q と P は同時に真あるいは偽となる．数学者は，同値の命題を探すのに時間をかけているよ．なぜかといえば，ひとつが成り立てばもうひとつも成り立つからだ．〈P は，Q が真なら，また，Q が真の場合にだけ真になる〉という言い方もされる．」
——先生は，公式を覚えなさいっていつも言うのよ．
「公式は，計算の形式なんだ．記号だけを使って書く，〈コンピュータ・プログラム〉と同じようなものだ．だから公式はコンピュータでプログラムできるんだよ．

　ほとんどの生徒にとって，公式を覚えるのは厄介な仕事のように思えるかもしれないけれどね，言わせてもらえば，本当はありがたいものなんだよ．どんな問題でもいい，公式を使わないで問題を解こうとしてみなさい．幸運を祈る，と言うしかないね．そうなったら，わたしのところに来て，〈レイ，お願いだから公式をちょうだい〉と言うことになる．」

——そう言われたらどう答えるの？

「ピカピカ光った公式のいっぱい入った宝箱を開けて，さあ，どうぞ，って言うんだよ．」

——それで，公式があるから生徒は運がいいわけね？

「そうだね．もともと，公式を表す formule という言葉は，医学で使われていて，それに従って薬を与えるための処方を表していた．その規則から外れると，薬によって事故が起きる．数学の公式でもそれは同じだ．その公式が組み立てられた状況を正確に理解し，それが適用される条件を明確にしなくてはならない．

ほとんどの場合，生徒に出される問題はすでに公式が存在する分野ばかりだ．まず，授業で習ったうちから，正しい公式を選ぶ．次に，問題の条件と選んだ公式の条件が同じかどうかを確かめる．確認がすんだら，公式を適用して，公式にある数字を問題に出てきた数字と置き換えるだけだ．あとの仕事は公式がみんなやってくれる！

数学の式が公式だと考える人が多い．それは間違いだ．公式とは，数学の式と状況の提示，つまり，その式が有効な条件まで含めたものを言う．

公式とは，

$$x = \frac{\left(-b + \sqrt{b^2 - 4ac}\right)}{2a}$$

ではなく，〈x の二次方程式 $ax^2 + bx + c = 0$ において，$b^2 - 4ac > 0$ であれば，方程式にはふたつの根，

$$x_1 = \frac{\left(-b + \sqrt{b^2 - 4ac}\right)}{2a}$$

と

$$x_2 = \frac{\left(-b - \sqrt{b^2 - 4ac}\right)}{2a}$$

がある〉までを指しているんだ．」

ローラが出し抜けに尋ねた．

——レイは数学が簡単だと思う？ 難しいと思う？
「ぜんぜん簡単じゃないよ．」
——〈簡単だよ，だからできるはずだ〉って，どれだけ言われたことか．でも，数学が簡単だとして，わたしができないとしたら，それはわたしが馬鹿だってことじゃない？
「おお．それは正しい推論だね．でも，わたしはそんなことは言わないよ．こう言うんだ，〈数学は難しい，でも，できるようになるよ〉」
——結局のところ，数学を好きにならない権利はあるの？

「誰かに何かを好きになれと強制することはできない．命じられて愛することはできないからね．でも，好きじゃなかったものを好きになるように努力することはできる．」
——ぜんぜん好きじゃなかったものでも？
「やってみるだけなら損はしないさ．そう，数学を好きにならない権利はあるよ．他の科目を好きにならない権利があるのと同じように．でも，どっちにしても自慢にはならないけどね．それでも，嫌いだと言うなら，その前に少なくともどんなものかを知ってからのほうがいい．おばあちゃんはいつも言ってたものだよ，〈とにかく食べてみなさい．そのあとなら，嫌いと言っていいから〉」
——じゃあ，今やっているのは，わたしに数学の味見をさせているのね？
「そんなところかな．味見はまだ終わっていないよ．まだ，見ていない分野がいくつもある．」
——まだ終わってないの？ わたしはいつも，数学ではもう新しく発見されることなんて残っていないんだと思ってたけど？
「物理，生物，地理でも同じ質問をするのかな？ しないだろう？ 今ほどたくさんの数学者がいて，新しい結果，新しい理論，新しい質問，新しい問題が出されている時代はないんだ．毎日毎日，い

や，毎時間，新しい公式がたくさん証明されている．まあ，面白いものばかりとは言わないが．でも，これまで証明されたことのない新しい結果がたくさん提出されているんだ．

2500年前から，ほとんどの文明に数学者はいた．そしてどの時代にも，2種類の問題と対決していた．まだ解かれていない昔の問題と，新しい数学に関連する新しい問題だ．これまでの数学者がやってみては解けなかった昔の問題が解かれた．昔の数学者が持っていなかった新しい道具が生み出され，新しい結果が確立され，新しい理論が打ち立てられたからだ．新しい学問が生まれた．三角法，確率理論，解析幾何学，統計学……

もうひとつ，数学の世界を果てしなく広げているものがある．それは，新しい対象を作り出していく動きだ．どんなふうに動いていくかというと，ある数学者が，あるグループの対象を研究しようと決める．その数学者は道具が必要になる．今あるもので足りなければ，やがて新しい道具を発明することになる．次にはその道具もまた数学の対象となる．こうして新しい対象が生み出される．数学者はそれを研究しようと決める．そのためには新しい道具が必要で，その道具がまた研究の対象となる……数学の川の流れは涸れそうに

ない.」
——もう新しい数学がないって時代は来ないの？
「期待しないほうがいいね.」
——数学の〈こぶ〉は？
「なんだい？ 数学の〈こぶ〉って？」
——こぶのある人に会ったことないの？
「そういう子どもっぽいところ好きだなあ.わたしは数学に優れた才能を持っている人に会ったことはあるよ.すばらしく上手にピアノを弾く人や,見事に絵を描く人,走るのがすごく速い人にも会ったことがある.でも,音楽のこぶとか,絵のこぶ,走るこぶなんていうのは聞いたことがない.」
——じゃあどうして数学のできる人だけが〈こぶ〉があるなんて言われるの？
「1800年代に,フランツ・ガルという解剖学者が,頭の骨にある突起に気がついた.そして,その突起は数学にすばらしい才能を持っている印だという結論を出した.これが数学のこぶの誕生だ.その後,フランツ・ガルの主張を確証する証拠は何も出てこなかったが,表現は残った.そのせいで,数学がわからない人たちは,自分にはこぶがないからどうしようもないんだと言えるようになった.こぶがなければ救いがない,ってね.だけど,

最近の研究では，数学のさまざまな演算，足し算だの掛け算だのに脳のどの部分が使われているかがわかってきたそうだ.」

レイはその話を途中でやめた.

「ああ，あやうく忘れるところだった．否定命題の内含はどうなるかを話していなかったね．〈Dは正方形である〉⇒〈Dは平行四辺形である〉があって，この命題を否定形にしたらどうなるだろう．ローラはどうしたい？」
——なにかをしたくなきゃいけないの？

レイの目つきがそうだと言っている.

——〈Dは正方形ではない〉⇒〈Dは平行四辺形ではない〉かな？　でも，わざわざ質問するんだから，違うはずよね.
「よく見てみよう．Dが正方形でないとしても，たとえば平行四辺形でもいいわけだ．そうだとしたら，〈Dは平行四辺形である〉⇒〈Dは平行四辺形ではない〉となってしまう.」
——ひっどーい，でしょ？
「ひどいどころじゃないよ．今のはいちばん多い部類の間違いだね.

命題を否定形にするときは，内含の向きを変え

るんだ.
　もし,$P \Rightarrow Q$ なら,$\langle 非 Q \rangle \Rightarrow \langle 非 P \rangle$ となる.$\langle 非 P \rangle \Rightarrow \langle 非 Q \rangle$ じゃないんだよ.」
——真でないものはすべて偽だっていうの,考えが浅いと思うわ.沸騰した水と凍った水の間には,中間の状態が……
「〈今日,2008 年 1 月 1 日,ローラの手の指は 11 本になりました〉というのは間違っている.偽であって,半分だけ偽などということはない.数学であつかう文章にはふたつの可能性しかない.真か偽のどちらかだ.たしかに簡単に割り切りすぎかもしれないけど,人生にもこんな場合はよくあるよ.」
——〈半分死んでる〉って言うじゃない.
「〈半分死んでる〉人間は生きているんだ.残念なことに,死んでしまったら半分死んでいるなんてことはない.」

　　　ふたりともしばらく黙る.

——数学では,断言するにはかならず証拠を挙げなきゃならないの？
「この話もローラの気に入りそうだな.〈何を言いたいかわかるでしょ〉とか,〈わかりきってるよ〉とか,〈わたしを信じてくれ〉というのはだめなん

だ．わかりきっているように見えることが間違いということもある．間違いのように見えることが正しいとわかることもある．数学で真ならば，普通の生活でも真なんだ．」
——数学では，信頼を重く見ていないのね．
「実際，無条件に信頼することはない．どんな断言も，証明がついていなければ受け入れられない．でも，いったん受け入れられれば，それを絶対的に信頼する．その人を信頼するからじゃなく，その人たちが証明したことを完全に信頼するんだ．」
——その厳しいところが，軍隊みたいだって思っちゃうんだな．
「ははあー．でも，よく考えたらその反対だということがわかると思うよ．数学では，断言が正しいのは〈わたしが言うから〉，隊長とか王様とか司祭とか先生とかが言うからではなく，いちばん強い人が言うからでもない．それが正しいのは，証拠が提出され，その正しさを自分で確かめられるからなんだ．」

　　ローラはうなずいた．

——でも，厳しいとか規則にうるさいって数学にしか言わないよね．フランス語とか，地理とか，物理だってそんなこと言われないのに．

「だけど，詩なんか規則にうるさいと思わないかい？ 言葉の並べ方が，音楽性とか，一連の長さとか，韻を踏むとかばっかりじゃないか．規則でいっぱいだ．それに，音楽はどうだ？

　規則にうるさいということに関して，数学のことしか言わないのは間違いだ．どんな分野にもそれぞれの厳しさがある．それに，数学の厳しさには，他のものよりもずっと創造的な働きがあるんだ．説明しよう．問題を扱うときに，どうしても厳格になってしまうのは，いいかげんな状態では見つけられないものを発見できるようにするためなんだ．数学の力の大きな部分，それに，その面白さは厳格さからきている．対象を定義し，結果を証明し，練り上げた証拠を調べるときの厳しさから生まれているんだよ．この厳しさが嫌いなことはあるだろう．」
——それで？
「それで，数学が嫌いになるかもしれないけど，だからといって死ぬわけではない．」
——数学ってなんの役に立つの？
「愛ってなんの役に立つのかな？」
——愛と数学を同じように考えてるの？
「〈役に立つ〉ものじゃなきゃ重要じゃないのかな？

役に立つものってなんだろう？」
——でも，中学校に通ってるのは，愛とか友情を勉強しにいってるんじゃないわ．
「でも勉強しにいってるんだろ？」
——もちろん，勉強しによ．
「何を勉強しに？」
——これから役に立つことを勉強するの．
「これから役に立つことってなんだい？」
——それを知ってるのはレイでしょ．
「でもローラが，知って，理解して，身につけたいと思っていることはなに？」
——考えてみるわ．今度はわたしの番よ，レイ．数学のどこが好きになれるの？
「どうして好きに〈なれる〉という言い方なのかな，単に〈どこが好き？〉と言うんじゃなくて．本当に知りたいの？」
——うーん……やっぱり知りたい．
「繊細さ，厳格さ，有効性，正確さ，証明の優雅さ，驚き，美しさ．」
——美しさ？
「そのとおり．美しさ，美だ．美しい証明もあれば，もたもたしてできの悪い証明もある．」
——それならわかるわ．わたしとはまったく反対ね，わたしとレイは……

「言ってごらん.」
——直径の両端にいる（正反対というときの表現）.
「どういう意味かな？」
——これ以上ないほど反対の場所にいるということ.
「ほらね，数学は役に立ってるだろ.」

　　　感情を込めてレイを見つめ，

——こんなに長いこと話をしたことってなかったね.
これくらい一緒に遊んでくれればよかったのに.
「始めるのに遅すぎるってことはないよ.」

解説 　　　　　　　　　　　　　　　　　　　　池上高志

　この本のような会話を娘と（あるいは息子と）交わすことは，まずありえない，と誰もが思うのではないか．「なんでわからないんだ，ばか！」となってふつうは，終わることが多い．僕の場合ももちろん例外ではない．親子の間で，勉強を教わるなんて誰がなんと言おうと不可能なのだ．

　それでも不思議なことにいまとなってみると，父親とはキャッチボールしたことや，海水浴に行ったことよりも，スーガクの話をしたことが記憶に残っている．繰り返すが，スーガクを教わったわけではない．スーガクの話をきいたことがある，といった程度のものだ．それを3つばかり紹介したい．

　そもそも，スーガクには数字は出てこない．では，スーガクとは数の学問じゃないのか．ここが，小学生の胸をうつところなのだ．いつだったか，暇で暇で家でごろごろしてたら，横で父親が緻密にノートに書き込んでいる．そこに書かれているのは日本語でも英語でもない．△や□が並んだ複雑そうなパターンだ．白いノートは次々とその式で埋められていく．これらはどこから出てくるのか．いったいなにをしているのか．がまんできなくなって，コレハナニカ？　と尋ねたら，計算しているんだ，という．まったくわからない．

$$\partial_t f + \vec{v} \cdot \vec{\nabla} f + \frac{\vec{F}}{m} \vec{\nabla}_v f = \iint (f'f'_1 - ff_1) g d\Omega d\vec{v}_1$$

父親は物理学者で，プラズマの輸送問題でも計算していたのだろう．小学生にはそんなことはわからない．わからないが，アルファベットと変な文字を並べるとイコールゼロ，とかいうのは凄すぎる．とにかくTVに出てくるウルトラマンよりかっこよかった．そこにまた感動する．小学校の教科書に出てくるのは，2だの8だので，ちっともかっこよくないのだ．

　こうした洗礼を受けると，なんだかますます考えないで解くだけの算数は悲しい気持ちになるのだが，ある日，おいこれはどうだ．と再び父親に聞かれたことがある．まず1に1の半分の1/2を足す．さらにその半分の1/4を足す，とずっとやっていったらどうなるか？　という問題だ．ここで無限に足したものがSとなったとしよう．（エス？　ナゼエズナンダ……）　そうしてSを2倍してやってひいてやると，ほらS＝2だ．ウーム．ソウデスカ．

$$S = 1 + \frac{1}{2} + \frac{1}{4} + \frac{1}{8} + \frac{1}{16} + \cdots$$
$$-）\ 2S = 2 + 1 + \frac{1}{2} + \frac{1}{4} + \frac{1}{8} + \cdots$$
$$S = 2$$

　こういうのは，なんていうかやはり小学生には，とてつもなくカッコイイのだ．小学校では，「無限に」足さないし，「無限に足しても無限にならない」って，立派なものではないか．特にこの無限に足しても2になるという話は，ぼくはひどく得意で，よく友だちに見せびらかしていたが，それはぼくにとってはウルトラマンを見た自慢と大差なかったのだ．

ともかく少年の心は純粋だからそれで舞い上がってしまって，この本の娘さんのような質問などはできなかったのである．それでも，いま思い出すに，ここにはいまだに世間に知られてないように見えるスーガクの大事なポイントがある．それは，スーガクには，数学のくせして数字はほとんど出てこないことと，無限をいつもどっかで気にしていること，である．だから，こういう形でスーガクに出会った僕は，やはり幸運であったのかもしれない．

　3番目の例．別なある日，小学校6年生のころか，地図を(となりあう場所の色が違うように)何色で塗り分けられるか，という問題をやはり父に教えてもらったことがある．いわゆる4色問題だ．地図がドーナツの形をしているなら，7色あれば塗り分けられることが証明されているが，普通の地図とかではまだ証明されていないんだ．とドーナツの絵を描きながら教えてくれた．ナルホド．ナルホド．こんな簡単そうなのに？？　色鉛筆を手にして僕は思った．

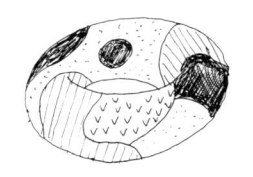

　4色問題が，コンピュータを駆使して，アッペルとハーケンによって解かれたのは，その数年後のことである．この証明は，それまでのスーガクの証明と違って，2000個以上のシステマティックには解けない例外を，コンピュータでしらみつぶしに調べ上げたら証明できたのだ．しかしこれは証明か，ということでずいぶんと話題となった．

以上，□とか△と，S＝2と，4色問題が，僕と父親のスーガクをめぐる思い出である．どれにも，教科書的な堅苦しさはなくて，かっこよかったから覚えているだけなのだ．だから僕は数学者になろうなんて思ったことは一度もない．しかし，その後の人生になんとなくボディーブローのように効いていたのだろう．大学に入った僕は理論物理学を志した．

　大学に入ると，もう誰もスーガクに数字が出てくるとは思っていない．しかし物理学をやると，数字を入れなきゃだめだ．このスーガクは自然を記述していることを忘れるな，ということを先生にいっぱい言われる．まぁ，学生のときはそんなことは誰も聞いちゃいないのだけれど，しかし多くの学生はファインマンの物理学レクチャー本の洗礼を受けることになる．R. ファインマンは，数式に数字をいれることもとても大事にしていたのだ．

　R. ファインマンは，映画スターのようにかっこいい天才理論物理学者で，『ご冗談でしょう，ファインマンさん』（岩波書店）という自伝的エッセーで日本でも広く知られている．また，スペースシャトル墜落の調査委員として，その原因追及の物理学者らしい実証主義がお茶の間でも広く有名になった．

　そのファインマンが，カルテクで1年生向けにやったのが物理学のレクチャーシリーズである．これが，とてつもなく魅力的な本なのだ．全部で日本語だと5冊になるファインマン物理学レクチャー本．これをぼくは父親から入学祝いにもらい，1年生の夏休みはそれを読んで過ごした．その中に，やっと出てきました！　□と△!!　$\nabla B = 0$　□$B = 0$（B

は磁場）なるほどねー．僕の小学生のころの最初の疑問はこうして，自然な形で解消されていった．

2番目の思い出のS＝2．これは恐ろしい話と結びついていた！　理系の学生は，当時は，高木貞治の解析概論を読むことになっていて，この本も父親からもらったものだったが，その本にS＝2の続きがいっぱい出てくる．とくに，1足す2のα乗分の1足す，3のα乗分の1足す，と無限に足した結果のSはゼータ関数ととよばれるもので，いろいろと面白い性質があるらしい．（例えば，その実部は1/2の上に乗っかっている．）これをリーマン予想といい，いまだによく解かれていない．これを使うと素数の数が書き出せる，とかいう話がある．もちろん，この無限に数を足しあわせる無限級数は高校でも出てくるのだが，このゼータ関数のようなかっこよさを伴っては現れない．なるほどねー．このときも僕はなんとなく納得した．S＝2えらいなぁ．

$$S(\alpha) = 1 + \frac{1}{2^\alpha} + \frac{1}{3^\alpha} + \frac{1}{4^\alpha} +$$

3番目の4色問題．これは，実はいま，まさに僕がむかっていることと関係がある．まず例としてルービックキューブの例を挙げてみよう．これは，みんなが知っている3次元パズルで，立方体の6面の色をそろえるというものだ．一番素直なやり方は，はじめに上面の色をそろえ，次にした面の色をそろえ，最後に真ん中の列をうまくそろえてできあがりだ．

しかし，これだと色をきちんと揃えるのには時間がかかって仕方がない．もっと速くかつ効率よくやるためには，いく

つかのパターンを記憶していることが必要となる．このパターンなら，縦に回転する．このパターンなら横を回す．という組み合わせを 100 くらい覚えておけば，もっと速く解けるようになる．それをどんどん進めていくと，覚えるパターンの数がどんどん増える代わりに，いろいろな初期状態から，短い手数で色を揃えられるようになる．

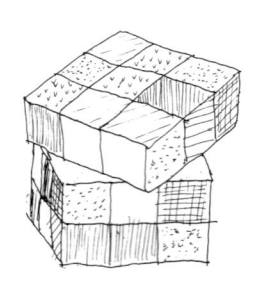

そして実際に 2010 年にグーグルが推定百万を超える分散並列計算機を使って，最大でも 20 回操作すれば，どんな初期パターンからでも正解にたどり着けることを「証明」してみせた．覚えるパターンの数が増えてしまえば人には不可能となる．しかし，コンピュータを使うことではじめて解けたのである．これは，4 色問題の解法と同じだ．なるほどねー．

人には不可能な圧倒的な速度と記憶能力を駆使して，たぐり寄せられる新しいわかり方．これはルービックキューブだけではなく，脳科学でも，細胞生物学でも，社会性昆虫でも，素粒子理論の計算でも，最近の科学のいたるところで起こっている現象である．4 色問題によって示された新しいわかり方は，いまや普通のことになりつつある．人類は，手で解いて納得する，というわかり方と決別する時期に来ているのだ．

というわけで，本の話からは随分ずれてしまったけれど，人生なんて短いし，人間なんてほっといたらつまらないことばっかりしちゃうから，どっかで日常生活とは関係のない，なんの役にもたたないことを一生懸命探しておくと人生豊かになる．多くの人は，生活と関係のない楽しさを，偉大な小説やアートに見いだすだろう．しかしスーガクもその仲間である，というのがこの本のメッセージかな，と思うのだ．でもそれを仲間にいれておくためには，小さいころのちょっとした「会話」が大事なのかもしれない．そんなことを，この本で少し考えさせられた．

著者
ドゥニ・ゲジ（Denis Guedj）
1940年、アルジェリア生まれ。作家、数学者。パリ第8大学の教授を務め、コメディー俳優、脚本家としても知られている る。2010年逝去。邦訳されているものに『数の歴史』（創元社、1998年）『フェルマーの麗蘊はしゃべらない』（角川書店、2003年）、『ゼロの迷宮』（角川グループパブリッシング、2008年）などがある。

訳者
藤田真利子（ふじた まりこ）
1951年生まれ。英仏翻訳家。主な訳書に、ロベール・バタンテール『そして死刑は廃止された』（作品社）、フレッド・ヴァルガス『死者を起こせ』（東京創元社）、トニーノ・ベナキスタ『夜を喰らう』（早川書房）ほか多数。現代企画室の本シリーズでも『国家のしくみ』『宗教』『イスラーム』『哲学』の翻訳を担当している。現在、社団法人アムネスティ・インターナショナル日本理事長。

解説者
池上高志（いけがみ たかし）
1989年東京大学大学院理学系研究科物理学修了・理学博士（物理）。1990-91年京都大学基礎物理学研究所・研究員。1990-94年神戸大学自然科学研究科・助手。94年より東京大学大学院広域システム科学系・教授。専門は複雑系の科学、特にロボットやコンピュータを使って生命現象を探る研究を行なうほか、メディアアートの分野でも活躍。著書に『動きが生命をつくる―生命と意識への構成論的アプローチ』（青土社）などがある。

娘と話す　数学ってなに？

発行　　2011年5月10日　初版第一刷　2000部

定価　　1200円＋税

著者　　ドゥニ・ゲジ

訳者　　藤田真利子

装丁　　泉沢儒花（Bit Rabbit）

発行者　北川フラム

発行所　現代企画室

150-0031東京都渋谷区桜丘町15-8-204

TEL03-3461-5082　FAX03-3461-5083

URL http://www.jca.apc.org/gendai/

振替　　00120-1-116017

印刷・製本　中央精版印刷株式会社

ISBN978-4-7738-1102-5 Y1200E

© Gendaikikakushitsu Publishers, Tokyo, 2011

Printed in Japan

現代企画室 子どもと話すシリーズ

好評既刊

『娘と話す 非暴力ってなに?』
ジャック・セムラン著　山本淑子訳　高橋源一郎=解説
112頁　定価1000円+税

『娘と話す 国家のしくみってなに?』
レジス・ドブレ著　藤田真利子訳　小熊英二=解説
120頁　定価1000円+税

『娘と話す 宗教ってなに?』
ロジェ=ポル・ドロワ著　藤田真利子訳　中沢新一=解説
120頁　定価1000円+税

『子どもたちと話す イスラームってなに?』
タハール・ベン・ジェルーン著　藤田真利子訳　鵜飼哲=解説
144頁　定価1200円+税

『子どもたちと話す 人道援助ってなに?』
ジャッキー・マムー著　山本淑子訳　峯陽一=解説
112頁　定価1000円+税

『娘と話す アウシュヴィッツってなに?』
アネット・ヴィヴィオルカ著　山本規雄訳　四方田犬彦=解説
114頁　定価1000円+税

現代企画室 子どもと話すシリーズ

好評既刊

『娘たちと話す 左翼ってなに?』
アンリ・ウェベール著　石川布美訳　島田雅彦=解説
134頁　定価1200円+税

『娘と話す 科学ってなに?』
池内 了著
160頁　定価1200円+税

『娘と話す 哲学ってなに?』
ロジェ=ポル・ドロワ著　藤田真利子訳　毬藻充=解説
134頁　定価1200円+税

『娘と話す 地球環境問題ってなに?』
池内 了著
140頁　定価1200円+税

『子どもと話す 言葉ってなに?』
影浦 峡著
172頁　定価1200円+税

『娘と映画をみて話す 民族問題ってなに?』
山中 速人著
248頁　定価1300円+税

現代企画室 子どもと話すシリーズ

好評既刊

『娘と話す 不正義ってなに?』
アンドレ・ランガネー著　及川裕二訳　斎藤美奈子=解説
108頁　定価1000円+税

『娘と話す 文化ってなに?』
ジェローム・クレマン著　佐藤康訳　廣瀬純=解説
170頁　定価1200円+税

『子どもと話す 文学ってなに?』
蜷川泰司著
200頁　定価1200円+税

『娘と話す メディアってなに？』
山中 速人著
216頁　定価1200円+税

『娘と話す 宇宙ってなに？』
池内 了著
200頁　定価1200円+税

『子どもたちと話す 天皇ってなに？』
池田 浩士著
202頁　定価1200円+税